HYGIENISCHE VOLKSBILDUNG

VON

DR. MED. **MARTIN VOGEL**
WISSENSCHAFTLICHER DIREKTOR AM DEUTSCHEN HYGIENE-MUSEUM, GENERALSEKRETÄR DES SÄCHS. LANDESAUSSCHUSSES UND VORM. GENERALSEKRETÄR DES REICHSAUSSCHUSSES FÜR HYGIENISCHE VOLKSBELEHRUNG

MIT 6 ABBILDUNGEN

BERLIN
VERLAG VON JULIUS SPRINGER
1925

ISBN-13:978-3-642-90496-7 e-ISBN-13:978-3-642-92353-1
DOI: 10.1007/978-3-642-92353-1

SONDERAUSGABE DES GLEICHNAMIGEN BEITRAGES IM „HANDBUCH DER SOZIALEN HYGIENE UND GESUNDHEITSFÜRSORGE“, BAND I. HERAUSGEGEBEN VON A. GOTTSTEIN - CHARLOTTENBURG; A. SCHLOSSMANN-DÜSSELDORF; L. TELEKY-DÜSSELDORF.

Vorwort.

Die Verbreitung gründlicherer Kenntnisse in Dingen der persönlichen und der sozialen Hygiene unter der großen Masse der Bevölkerung beginnt sich erst seit verhältnismäßig kurzer Zeit als selbständiges Gebiet aus dem Aufgabenkreis der sozialen Hygiene herauszuheben. Obgleich heute noch alles im Fluß begriffen ist und durch die Kriegs- und Nachkriegszeit der Arbeit schwere Hemmungen erwachsen sind, so haben sich doch auch schon so viele und wertvolle Erfahrungen ergeben, daß der Versuch einer zusammenfassenden Darstellung gerechtfertigt erscheint.

Als erster Versuch bedarf die Arbeit einer nachsichtigen Beurteilung. Die Literatur konnte insbesondere in ihrem historischen Teil nicht so eingehend behandelt werden, wie es an sich zu wünschen wäre, ebenso wenig war es möglich, die geradezu uferlos anschwellende Literatur der Gegenwart auch nur in annähernder Vollständigkeit zu berücksichtigen. Angesichts des beschränkten Raumes mußte sich die Arbeit damit begnügen, die großen Linien aufzuzeigen, in denen sich die bisherige Entwicklung vollzogen hat und die künftige gesucht werden muß.

Die Frage nach den Möglichkeiten hygienischer Volksbelehrung ist im Grunde gleichbedeutend mit der Frage nach den Möglichkeiten einer volkstümlichen Gesundheitspflege. Darum erschien es mir geboten, den Zusammenhängen zwischen wissenschaftlicher und volkstümlicher Hygiene etwas weiter nachzugehen, um die treibenden Kräfte und die Hemmungen auf beiden Seiten besser erkennen zu können. Wenn ich dabei vielfach eine kritischere Haltung einnehmen mußte, als es den vorherrschenden Anschauungen entspricht, so hoffe ich doch der Sache selbst einen Dienst damit zu erweisen.

Dresden, im September 1925.

Dr. med. Martin Vogel.

Inhaltsverzeichnis.

1. Einleitung.

Tieferes Wissen um den gesunden und kranken Menschen und um die Bedingungen von Gesundheit und Krankheit haben zu allen Zeiten auch dazu geführt, dieses Wissen durch Mitteilung an weitere Kreise nutzbar zu machen. Solange sich der Wissensschatz noch in bescheidenen Grenzen hielt, war zwischen wissenschaftlicher Heilkunde und Laienmedizin keine scharfe Grenze zu ziehen. Die verbindende Brücke zwischen beiden bildete die Gesundheitspflege [PAGEL (50)]. In älteren Zeiten kleidete sie sich ebenso wie die Heilkunde selbst gern in das Gewand religiöser Vorschriften. Im übrigen trug nach PAGEL die ganze ältere, auf Hygiene bezügliche Literatur, von CELSUS und GALEN bis in das letzte Jahrhundert hinein, im wesentlichen populären Charakter, so daß sie dem gebildeten Laien ohne weiteres zugänglich war.

Zu Zeiten, z. B. im 16. und 18. Jahrhundert, begegnen wir im Zusammenhang mit Fortschritten der Naturwissenschaft zahlreichen Veröffentlichungen über gesundheitliche Fragen [es sei nur an die „Fliegenden Blätter" aus dem 16. Jahrhundert, an die Schriften von TISSOT (70—72) erinnert] und stoßen sogar schon verhältnismäßig früh auf Bemühungen, auf dem Wege des Schulunterrichts hygienische Lehren zu verbreiten. Von einem allgemeineren Bedürfnis nach Aufklärung konnte aber noch keine Rede sein, solange der Bestand an gesicherten Kenntnissen, der für die Übermittlung in Frage kam, klein war und solange der niedrige Bildungsstand der unteren, gesundheitlicher Förderung am meisten bedürftigen Schichten einen anderen Weg als den behördlicher Verordnungen noch wenig aussichtsreich erscheinen lassen mußte.

Die Entwicklung der Naturwissenschaften und der Medizin in neuester Zeit, zusammen mit den wirtschaftlichen und sozialen Umschichtungen haben diese Verhältnisse völlig verändert. Auf der Grundlage der Chemie und Physik und anderer Hilfswissenschaften entwickelte sich die *Hygiene* als selbständiges wissenschaftliches Gebiet. Sie erschloß eine Fülle neuer Tatsachen, ließ eine umfangreiche Fachliteratur erstehen, und mit der Erweiterung des Netzes von Zusammenhängen, dessen Beherrschung zu sachgemäßem Urteil und fachkundiger Mitarbeit notwendig war, *mußten* sich die engen Beziehungen, die bis dahin wissenschaftliche und volkstümliche Gesundheitspflege verknüpft hatten, lockern. Freilich hat es von Anfang an nicht an Männern und Organisationen gefehlt, die sich bemühten, die innere Fühlung zwischen Wissenschaft und Volk aufrechtzuerhalten, und der Altmeister PETTENKOFER selbst hat in Vorträgen von vorbildlicher Gemeinverständlichkeit Sinn und Ziel seiner Forschungen weiteren Kreisen darzulegen versucht. Wir stehen aber vor der Tatsache, daß eine lebendige Auswirkung der Hygiene auf die breiten Volksmassen und ein tieferer erzieherischer Einfluß auf sie gerade in der Blütezeit hygienischer Forschung nicht zustande gekommen ist. Auch die Erweiterung zur sozialen Hygiene, durch die sich in d n letzten Jahrzehnten die praktischen Wirkungsmöglichkeiten und damit die Berührungsflächen zwischen Wissenschaft und Laientum mehrten, hat bis heute nichts daran zu ändern vermocht, daß die Mehrzahl unserer Volksgenossen bis weit in die gebildeten Kreise hinein von der eigentlichen Bedeutung des hygienischen Gedankens fast unberührt geblieben ist. Wohl hat man mehr oder weniger verständnisvoll hingenommen, was mit der Ausbildung der Gesundheitstechnik und der sozialen Fürsorge von Staat, Gemeinde und Industrie an Verbesserungen der öffentlichen Gesundheitspflege geleistet wurde, aber ein auch nur bescheidenes Wissen um den eigenen Körper, um seine Lebensbedürfnisse, um die sozialen Bedingungen von Gesundheit und Krankheit und die daraus hervorwachsenden Forderungen der vorbeugenden Gesundheitsfürsorge, geschweige denn ein inneres Verhältnis zu all diesen Dingen und eine entsprechende bewußte Gestaltung der Lebensführung wird man heute noch bei dem größeren Teil der Bevölkerung vergeblich suchen. Und in der Öffentlichkeit, in den Parlamenten, in der Presse ist von Verständnis für die Notwendigkeiten vorbeugender Gesundheitspflege oft erst recht wenig zu spüren, zumal wenn wirtschaftliche oder politische Referenzen mit ihnen in Wettbewerb treten.

Um die Wende des 18. Jahrhunderts beklagte Johann Peter Frank (61), daß nicht nur „der Pöbel", sondern „selbst Männer von sonst vieler Einsicht, verehrungswürdige Rechtsgelehrte, Beamte und Staatsminister" in allem, was den Bau und die Verrichtung ihres eigenen Körpers, was die natürlichen Gesetze, welchen dieser bei gesundem und krankem Zustande gehorcht", nur zu oft unbewandert seien und deshalb auch wenig Verständnis für die Fragen der öffentlichen Gesundheitspflege hätten. Und im Jahre 1913 schreibt Abel (1): „Auch nur andeutungsweise Kenntnis über die Funktionen beispielsweise des größten und so lebenswichtigen Organs, der Leber, wird man bei 90 von 100 unserer ehemaligen Gymnasialabiturienten, die nicht Mediziner oder Zoologen sind, vergeblich suchen *und niemand findet etwas darin.*"

Also am Anfang und am Ende eines Jahrhunderts dieselbe Klage — dazwischen der Siegeslauf der wissenschaftlichen Hygiene. Hier liegt das Problem. Wie war es möglich, müssen wir uns fragen, daß unser gerade in diesem Zeitraum so mächtig aufgewachsenes Bildungswesen und unser geistig-kulturelles Leben überhaupt von der Hygiene als einer jedem Menschen eigentlich am nächsten liegenden Angelegenheit so wenig beeinflußt bleiben konnte, obwohl doch das *Bedürfnis* nach Beschäftigung mit diesen Fragen unstreitig mehr und mehr gewachsen ist? Wir müssen schon der Entwicklung in den letzten Jahrzehnten genauer nachgehen, um verstehen zu können, wo die Hemmnisse gelegen haben, ob sie in dem Geist der hygienischen Wissenschaft oder in der unzulänglichen Form, in der ihre Lehren Verbreitung fanden oder wo sonst zu suchen sind. Nur daraus können wir lernen, wo heute der Hebel eingesetzt werden muß, um das selbstverständliche Ziel der Hygiene, die „Verallgemeinerung hygienischer Kultur" [Grotjahn (29)], zu verwirklichen.

2. Volkstümliche Gesundheitspflege und wissenschaftliche Hygiene.

Am Eingang der neuzeitlichen wissenschaftlichen Hygiene steht das unvergängliche Lebenswerk Johann Peter Franks „System einer vollständigen medizinischen Polizey". Schon in seinem Titel und erst recht im Inhalt ist es typisch für die Auffassung, die damals, im Zeitalter des aufgeklärten Absolutismus, die vorherrschende war: *alles* wird durch behördliche Verordnungen dekretiert und geordnet, daher kann auch die Gesundheitspflege nur Sache des Staates sein und durch medizinal-polizeiliche Vorschriften geregelt werden. Das Volk ist ausschließlich *Objekt* der staatlichen Gesundheitspflege, als handelndes *Subjekt* kommt es nur in ganz bescheidenem Maße zur Geltung.

Dieser Charakter der Gesundheitspflege als einer öffentlichen Angelegenheit ohne aktive Beteiligung des Volkes blieb Jahrzehnte hindurch erhalten, wenn sich auch Inhalt und Betätigungsform im Laufe der Zeit mehrfach änderten. In England, wo das rasche Anwachsen der Industrie zuerst größere Menschenmassen auf engem Raum zusammengeballt hatte, traten zunächst Wasserversorgung und Kanalisation, also Fragen der *Gesundheitstechnik* in den Vordergrund, und nicht anders konnte später aus den gleichen Gründen die Entwicklung auf dem Festland sein. Diesem Aufgabenkreis wandte sich daher auch zu allererst die neu entstehende Wissenschaft der Hygiene zu. Den Einfluß der Umgebung auf den Ablauf der normalen Lebensvorgänge zu studieren und die besten Bedingungen für Erhaltung und Erhöhung der durchschnittlichen Gesundheit zu erforschen, stellte PETTENKOFER als Ziel der wissenschaftlichen Hygiene auf. Die Erforschung von Luft, Wasser, Boden usw. mit allen zu Gebote stehenden Hilfsmitteln der Physik, Chemie usw. und die Ausarbeitung neuerer Methoden für diese Zwecke machten den Inhalt dieser ersten Phase der neuzeitlichen Hygiene aus. Ihr verdanken wir die Befreiung unserer Großstädte von den Seuchen und von mannigfachen gesundheitlichen Mißständen.

Das gleiche Bestreben, *die außerhalb des Menschen liegenden Krankheitsursachen* zu erforschen, lag der Arbeit ROBERT KOCHS und seiner Schüler zugrunde. Sie hat dem zweiten, dem bakteriologischen Abschnitt der Hygiene ihren Stempel aufgedrückt, der erst jetzt allmählich zu Ende geht.

Die Entdeckungen ROBERT KOCHS übten einen solchen Eindruck auf die Zeitgenossen aus, daß eine Überschätzung des Neugefundenen Platz griff und daß die Hygiene wie die praktische Heilkunde in ein einseitiges Fahrwasser gedrängt wurde. Mit dem lebenden Krankheitserreger glaubte man „*die*" Ursache der Krankheit, das Wesen der Krankheit selbst in Händen zu haben, dem mit einfachen Mitteln leicht beizukommen sei. Der Einzelmensch mit seinem so verschiedenartigen Verhalten gegenüber der Ansteckung, der Einfluß seiner Lebensweise u. a. m. fand nur nebensächliche Beachtung, ebenso wie der Einfluß der sozialen Umgebung, des Berufs, der Wohnung, also sozialhygienische Fragestellungen beiseite geschoben wurden. Abtötung der Krankheitserreger außerhalb des Körpers, Vernichtung der in ihn eingedrungenen Keime durch „spezifisch" wirkende Mittel, passive Immunisierung durch Einverleibung von Gegengiften bildeten die Hauptwaffen der Wissenschaft, und zur Bekämpfung der Krankheiten war möglichste Vermeidung von Ansteckungen die erste hygienische Forderung, der durch Bau zweckentsprechender Krankenhäuser, Ausbau der Seuchenpolizei und des Desinfektionswesens Rechnung getragen wurde.

So änderte auch die Bakteriologie nichts an dem passiven Grundzug, der der Hygiene als einer überwiegend öffentlichen bzw. ärztlichen Angelegenheit schon vorher angehaftet hatte und der eine nennenswerte aktive Mitwirkung des Volkes ausschloß.

Volkstümliche Gesundheitspflege kann aber nur gedeihen, wenn der einzelne Gelegenheit zu fruchtbarer Selbstbetätigung findet. Die Bakteriologie war dazu nicht imstande. Sie konnte nur immer wieder auf die technischen Hilfsmittel der Wissenschaft verweisen, und mit dem Bemühen, die wissenschaftlichen Entdeckungen weiteren Kreisen zugänglich zu machen, wurde zunächst nur eine Bakterienfurcht gezüchtet, die die Kräfte mehr lähmte als weckte.

Auch von der übrigen Heilkunde her kam dem im Volke nie erloschenen Streben nach praktischer Mitwirkung an gesundheitlichen Dingen keine Hilfe, so übergroß auch die Fülle neuer Entdeckungen und Erkenntnisse war. Die Lehren Rudolf Virchows von den Veränderungen der Zellen als Grundlage krankhafter Vorgänge und die Erforschung der in den Lebensprozeß verflochtenen chemischen und physikalischen Vorgänge führten wie in der Bakteriologie zu dem Bemühen, durch genau abgestimmte „spezifische“ Mittel die Krankheit zu bekämpfen. Die mechanistische Auffassung des Lebens, wie sie in dieser „exakten“ Forschungsrichtung zum Ausdruck kam, engte den Blick für die großen Zusammenhänge ein. Genauere Erforschung einzelner Organe und Organsysteme führte zu weitgehender Spezialisierung. Die Vervollkommnung der Diagnostik, der chirurgischen und der therapeutischen Technik überhaupt ließen eine Vielgeschäftigkeit entstehen, in der vieles Wertvolle an alter ärztlicher Kunst und Weisheit verlorenging. Das in die gleiche Zeit fallende Aufblühen der chemischen Industrie mit ihrem Massenangebot an Patentmedizinen trug das Ihrige bei, um der Heilkunde ein äußerliches, materialistisches Gepräge zu geben.

Dazu kam, daß durch die zunehmende Industrialisierung mit all ihren unerfreulichen Begleiterscheinungen auch die *sozialen und wirtschaftlichen Grundlagen des Ärztestandes* verschoben wurden. An die Stelle des Hausarztes, der oft Generationen hindurch engste Fühlung mit seinen Schützlingen gehabt hatte, und ihr Berater in leiblichen und seelischen Nöten gewesen war [Doll (14)], trat mehr und mehr der schlecht bezahlte, auf Massenarbeit angewiesene Kassenarzt, den mit seiner Klientel kaum noch engere Beziehungen verbanden.

Nehmen wir alles dies zusammen, so müssen wir nicht nur Rubner recht geben, wenn er sagt, die Wege der Medizin seien Jahrzehnte lang dem therapeutischen Handeln nicht günstig gewesen (57), sondern diese Wege verliefen auch sonst in einer Richtung, die dem Bedürfnis weiter Kreise, an der Wissenschaft engeren Anteil zu nehmen, nicht entsprach. So ist es schließlich nicht zu verwundern, daß, um wieder mit Rubner zu reden, die Vorkämpfer der Hygiene nicht zum kleinsten Teil außerhalb der medizinischen Kreise standen, und daß sich diese Strömungen Wege bahnten, die der herrschenden Richtung entgegenliefen, hauptsächlich in Form der *Naturheilbewegung*[1]). In ihr kam die instinktive Überzeugung des unverbildeten Laien zum Ausdruck, daß die ansteckenden Krankheiten nicht nur von der Seite des Krankheitserregers her angesehen werden dürften, sondern daß der ererbten und erworbenen Körperbeschaffenheit eine mindestens ebenso wichtige Rolle zukomme. Man spürte und wußte aus der Praxis des eigenen Lebens, daß nicht nur die unter dem Mikroskop zu sehenden Kleinlebewesen, sondern feinere, langsamer wirkende Einflüsse des täglichen Lebens mitspielten, daß durch Körperpflege, zweckmäßige Ernährung und überhaupt vernünftige „naturgemäße“ Lebensweise Anfälligkeit und Verlauf der Krankheiten — nicht nur der übertragbaren — wesentlich beeinflußt würden. Man wehrte sich gegen die Auflösung des Menschen in einzelne, mit örtlichen Mitteln zu behandelnde Organe und suchte Aufklärung über die Möglichkeiten, an der eigenen Gesundung und Gesunderhaltung mitzuarbeiten.

---

[1]) Diese Frage kann hier nur soweit behandelt werden, als sie Bedeutung für die Volksgesundheitspflege und für die Weckung hygienischen Verständnisses besitzt. Darum beschränken wir uns auf die Naturheilkunde im engeren Sinn und lassen alles beiseite, was sich unter Mißbrauch ihres Namens an sie ankristallisiert hat und mit ihr gewöhnlich zusammengeworfen wird.

Es ist auf das tiefste zu bedauern, daß sich die Naturheilbewegung nicht auf ihr eigentliches Gebiet, das der vorbeugenden Gesundheitspflege beschränkt, sondern ihre Bemühungen auch auf die Fragen ärztlichen Handelns ausgedehnt hat. Freilich gab es damals, als sie entstand, nur ganz vereinzelte Ärzte, die sich der Bewegung annahmen und ihre Grundgedanken auch auf die Krankenbehandlung zu übertragen suchten. Die Ärzteschaft im ganzen stand diesen Versuchen durchaus ablehnend gegenüber und so nahmen mehr oder weniger befähigte Laienbehandler die Sache in die Hand. Halbwissen machte sie mißtrauisch gegen Wissenschaft und Ärzte und selbstsüchtige Motive verführten sie dazu, der Bewegung viele Jahre hindurch einen ausgesprochen ärztefeindlichen Charakter zu geben. Die an sich annehmbaren Grundgedanken wurden dabei in maßloser Übertreibung verzerrt. Die Ausartungen dieses Kampfes haben das gegenseitige Verständnis nicht fördern können und obwohl sich, wie noch zu zeigen sein wird, der sachliche Gegensatz von Naturheilbewegung und Wissenschaft längst wesentlich gemildert hat, ist die eigentlich sekundäre Frage der Laienbehandlung daran schuld, daß der berechtigte Kern der Naturheilbewegung und seine Bedeutung für die Gesundheitspflege heute noch meist vergeblich um Anerkennung ringt.

Worin dieser Kern zu suchen ist, hat kein Geringerer als Hans Buchner, der allzu früh verstorbene Münchner Hygieniker, im Jahre 1896 auf der Versammlung Deutscher Naturforscher und Ärzte in wissenschaftlicher Form zum Ausdruck gebracht (7). Aus der Biologie leitet er die Forderungen der „positiven“ Hygiene ab und stellt sie dem „wesentlich negativ gerichteten Tun“ — Grotjahn nannte es später treffend „defensive Hygiene“ — gegenüber. Die lebendigen Organismen besitzen zweckmäßige Einrichtungen, die ihnen das Dasein ermöglichen und die durch äußere und innere Reize in Gang gesetzt werden. Die äußeren Einflüsse, z. B. Sonne und Luft, sind unentbehrliche Lebensreize, dürfen also nicht nur nach ihrer Desinfektionswirkung, nach schädlichen Beimengungen usw. beurteilt werden. Aus dem Begriff der Zweckmäßigkeit alles Organischen, die nicht notwendig die Annahme einer besonderen „Lebenskraft“ in sich schließt, aus der weitgehenden Anpassung an Veränderungen der äußeren Umgebung, zu der die Organismen befähigt sind, ist zu schließen, daß sich auch der Mensch unter ungünstigen Kulturbedingungen zu behaupten vermag. Hat sich der Körper im Fieber, in der Entzündung, in der Eiterbildung längst zweckmäßige Abwehrvorrichtungen geschaffen, so kann er auch durch Übung der Kräfte seine Gesundheit und seine Leistungsfähigkeit erhöhen *und eben darin besteht die eigentliche, die „positive“ Hygiene.* Durch sie können und müssen sich bei zielbewußter Arbeit die Schädlichkeiten des Kulturlebens, soweit sie in verminderter allseitiger Übung und Anpassung der Körperkräfte bestehen, ausgleichen lassen.

Sicher waren die Heilerfolge der Naturheilkunde vielfach nichts anderes, als was sich „auch ohne den Wasserdoktor durch vernünftige hygienische Körperpflege hätte erreichen lassen“ [Rubner (57)]. Es war aber eben die Tragik dieser Zeit, daß die große Mehrheit der Ärzteschaft damals zur Verkündigung und Ausübung einer so gearteten vorbeugenden Gesundheitspflege nicht imstande war. Sie konnte nicht, was Laienpraktiker zum Schaden der Ärzte so gut verstanden: dem Kranken eine lebendigere Vorstellung von dem Körper, seiner Tätigkeit und dem Krankheitsvorgang geben, sie in einer Weise behandeln, daß sie selbst Gelegenheit hatten, etwas dazu zu tun (Lebensweise, Ernährung, Hautpflege, Körperübung) und zugleich Richtlinien für eine vorbeugende körperliche und seelische Gesundheitspflege an die Hand geben.

Die Gedanken, denen Buchner damals Ausdruck gegeben hat, erscheinen uns heute als Binsenwahrheiten, denn längst hat sich das Pendel nach der anderen

Seite in Bewegung gesetzt. Nicht ohne schweren Kampf haben Konstitutions- und Vererbungsforschung, wie überhaupt die Fragen nach den *inneren Krankheitsursachen* die ihnen lange verweigerte Beachtung zurückerobert und einen Ausgleich gegenüber der einseitigen Überspannung der *äußeren* Ursachen herbeigeführt[1]).

Die rein physikalisch-chemische Betrachtungsweise des Lebens ist — vielfach noch unbewußt — einer mehr organisch-vitalistischen[2]) gewichen, die die rational nur teilweise faßbare Zielstrebigkeit und Zweckmäßigkeit der Lebensvorgänge anerkennt und in den Dienst der Heilkunde und der vorbeugenden Gesundheitspflege stellt. Als Kennzeichen dieser grundlegenden Wandlung seien nur genannt: die funktionelle Richtung der Chirurgie, die sich an die Namen von BIER, KLAPP u. a. knüpft, und die z. B. die Behandlung der Knochentuberkulose, der Knochenbrüche, der Rückgratsverkrümmungen auf völlig neue Grundlagen gestellt hat, ferner die physikalische und die moderne Reizkörpertherapie, die neben den alten spezifischen auch allgemeine, unspezifische Mittel anzuwenden lehrt, die praktische Psychologie und Psychotherapie (Psychoanalyse usw.), die uns die Bedeutung der seelischen Konstitution und ihrer unbewußten Triebkräfte für Lebensschicksal und -gestaltung gelehrt hat u. a. m. Beziehen wir noch die Fortschritte der Ernährungslehre mit ein, die in der Lehre von den Ergänzungsstoffen und den Mineralstoffen früher Dunkelgeahntes in wissenschaftliche Form gefaßt hat (171), so dürfen wir wohl behaupten, daß sich heute alles Wesentliche, was die Wissenschaft der Naturheilkunde früher bestreiten zu müssen glaubte, zu anerkannten Überzeugungen gewandelt hat.

Die befruchtende Wirkung dieser grundsätzlich anderen Einstellung zeigt sich am deutlichsten in der praktischen Gesundheitspflege. Welche noch vor

[1]) Vgl. RUBNER (58): „Die Hygiene forscht nach den äußeren Bedingungen, welche den Körper gesund erhalten." Leider hat sich auch heute der Gedanke der positiven, vom Menschen ausgehenden, kräfteweckenden und -entbindenden Hygiene noch längst nicht allgemein durchgesetzt. So bezeichnet noch in neuester Zeit ein jüngerer Hygieniker (78) als das Arbeitsgebiet der wissenschaftlichen Hygiene nur „die Umwelt des Menschen" (bzw. noch enger und negativer „die aus der Umwelt erwachsenden Störungen und Hemmungen"), sie „macht aber vor dem Körper selbst halt". Folgerichtig lehnt er eine Bezeichnung wie „Sporthygiene" im üblichen Sinne ab und will sie nur auf rein äußerliche, technische Dinge (Übungsgerät, Kleidung usw.) und Bedingungen angewandt wissen, „denen jeder ohne sein Zutun bei der Ausübung des betreffenden Sports unterworfen ist". Die Wirkungen der Leibesübungen auf den Menschen gehören seiner Meinung nach zur Sportphysiologie bzw. Sportpathologie.

Auseinandersetzungen dieser Art sind mehr als begriffliche Spielereien, sie greifen der Volksgesundheitspflege selbst ans Herz. Denn mit dieser Einengung auf die Laboratoriumshygiene alten Stils und ihrer Loslösung vom Menschen verflüchtigt sich der Begriff der Hygiene zu einer Abstraktion, zu der das Volk keine Beziehung mehr finden kann, und es entsteht die Gefahr, daß die tragische Kluft zwischen wissenschaftlicher und Volkshygiene erneut aufgerissen und vertieft wird. „Die Praxis der Hygiene gründet sich auf Selbsterkenntnis, Selbstbeherrschung und Selbsthilfe" hat ED. REICH schon vor zwei Menschenaltern gesagt (51), und nur wenn wir den Menschen so in den Mittelpunkt der Hygiene stellen, wie es auch PETTENKOFER (s. S. 3) nicht anders gewollt hat, können wir ihren Erziehungs- und Bildungswert nutzbar machen.

Nebenbei ist die obige Formulierung inhaltlich falsch, denn die Hygiene ist eine ausgesprochene *Beziehungswissenschaft*, die eine ganze Reihe von Hilfswissenschaften (Physiologie, Pathologie, Chemie, Physik usw.) mit dem Bezugssystem „Mensch" in Beziehung setzt. Man kann die Beziehungen zum Bezugssystem nicht abschneiden, ohne dem Ganzen jeden Sinn und jede praktische Bedeutung zu nehmen.

[2]) Neben K. A. LINGNERS grundlegendem Berner Vortrag über den Menschen als Organisationsvorbild (42) ist hier besonders das Buch von R. v. ENGELHARDT: Organische Kultur" (17), bemerkenswert, das von hoher Warte aus das Kulturproblem von der biologischen Seite her zu fassen sucht und (mit Ausnahme eines mißglückten politischen Kapitels) allgemeinste Beachtung verdient. Vgl. auch die vom gleichen Verfasser stammende Einführung in die Sammlung „Der Mensch" des Deutschen Hygiene-Museums (346).

20 Jahren ungeahnte Ausdehnung hat allein die Pflege der Körperübungen und das Baden in Licht, Luft und Wasser angenommen! Hier sind gerade der Naturheilbewegung Pionierdienste zu danken, und sie hat damit manches gut gemacht, was sie auf anderem Gebiet gefehlt hat. Allein mit den Luftbädern, die die Naturheilvereine, zum Teil gegen den Widerstand der Ärzte, geschaffen haben, ist Tausenden von Volksgenossen ein Anschauungsunterricht am eigenen Leib ermöglicht worden, der trotz aller Ausartungen und Mißgriffe Unersetzliches für die körperliche Ertüchtigung und für die Weckung des Gesundheitsgefühls geleistet hat.

Es wäre allerdings abwegig, nur der Naturheilbewegung das Verdienst an dieser Entwicklung beizumessen. Vielmehr ist sie nur ein besonders leicht erkennbarer Teil einer gewaltigen Welle, die sich seit etwa dem Beginn des neuen Jahrhunderts erhebt und, ständig an Stärke zunehmend, auf allen Lebensgebieten in mannigfachster Weise bemerkbar macht. Es ist der Schrei nach *Lebensreform*, ist die instinktive Auflehnung des Menschen gegen den unnatürlichen Zwang, den ihm der ins Riesenhafte angewachsene Apparat der Zivilisation auferlegt hat. Sport und Wandern, Bodenreform und Siedlung, Heimatschutz und Pflege des Volkstanzes, Kampf gegen Alkohol, gegen Schmutz und Schund: überall sehen wir das übermächtige Bedürfnis, sich freizumachen von den Lebensformen einer allzu materialistischen, innerlich verarmten Zeit und dem leiblichen wie dem seelischen Menschen die Freiheit zur Betätigung und Übung seiner natürlichen Kräfte wiederzugeben.

Die aktiven schöpferischen Kräfte im Menschen waren ja nicht nur von der wissenschaftlichen Medizin und Hygiene vernachlässigt worden, die ganze Kultur stand unter dem Zeichen der Passivität und Unlebendigkeit. Der Unterricht war auf Übermittlung formalen Wissens gerichtet. Die Geselligkeit, die in den alten Gesellschaftsspielen und -tänzen jeden einzelnen zur Mitwirkung angeregt hatte, wurde zum Amüsierbetrieb, bei dem man sich für Geld etwas vormachen ließ, der Tanz erstarrte in steifen Formen, die Kleidung zwang dem Körper von außen her unnatürliche Gestaltung auf, statt sich von ihm bestimmen zu lassen, und das lebensvolle Turnen Jahns und Guths-Muths verknöcherte zu einem System schematischer Vorschriften und Künsteleien, das den Körper mehr zu binden als freizumachen imstande war.

Gegen diese Mechanisierung und Entnatürlichung wandte sich die Abwehr, die wohl ihre umfassendste Ausprägung in der *Jugendbewegung* gefunden hat. Aus einem starken Lebensgefühl heraus hat sich in ihr das Bedürfnis Bahn gebrochen, die von der Natur gegebenen Kräfte so stark und so vielseitig als möglich zu entwickeln — nicht in erster Linie, um Krankheiten zu verhüten, sondern um *größere Lebensfreudigkeit und Aufnahmefähigkeit* zu gewinnen. Darum wird abgetan, was den Körper unter künstliche Bedingungen stellt und beengt: die Kleidung wird dem Bewegungsbedürfnis des Körpers angepaßt, einfache Ernährung, Verzicht auf lähmende Genußgifte gelten als Selbstverständlichkeit. Vor allem aber erhält der Körper sein Recht wieder, nicht nur im Wandern, das ein Gegengewicht gegen das verweichlichende Großstadtleben bildet, sondern auch in der Wiederaufnahme der alten Volkstänze und Spiele. Allmählich sind aus diesen vielfach noch unbeholfenen Versuchen heraus auch neue Formen der Gymnastik erwachsen (z. B. die Loheland-Schule in Dirlos bei Fulda), die durch Vertiefung des Körpergefühls und Befreiung von inneren Hemmungen neue Wege zur körperlich-seelischen Gesundung eröffnen wollen.

Was aber das Wertvollste an der Jugendbewegung ist: ihr ganzes Tun und Lassen ist durchdrungen von einem starken *Verantwortungsgefühl*, das sich nie mit allgemeingültigen Lösungen zufrieden gibt, sondern vom einzelnen immer wieder selbständige Stellungnahme und Übereinstimmung von Denken und Tun verlangt. Selbsterziehung zu innerer und äußerer Sauberkeit, Schulung und Abhärtung des Willens und des Körpers, das sind die Ausdrucksformen dieses Verantwortlichkeitsgefühls dem eigenen Körper gegenüber und das sind auch die Grundlagen, auf denen sich erst eine in die Tiefe dringende Gesundheitspflege aufbauen kann.

Dieser triebhafte, aus den Tiefen der Volksseele herauskommende Drang nach Gesundheit würde aber sein Ziel nicht erreichen können, wenn ihm nicht auch die Entwicklung der hygienischen Wissenschaft in der Richtung der *sozialen Hygiene* entgegengekommen wäre. Als selbständiger Zweig der Hygiene ist diese aus einer Reaktion gegen die hypertrophische Entwicklung der defensiven Hygiene [GROTJAHN (29)] hervorgegangen[1]). Wenn auch an sich jede Hygiene sozialen Charakter trägt, so hatte sich doch die biologisch-individuelle Denkweise der bakteriologischen Zeit lange den Zusammenhängen der Gesundheitspflege mit gesellschaftlichen Verhältnissen, mit Volkswirtschaft und Sozialpolitik verschlossen. Den Versuchen, durch Einrichtung z. B. mustergültiger Heilstätten und Milchküchen der Tuberkulose und der Säuglingssterblichkeit beizukommen, blieb deshalb der Erfolg versagt. Erst als von *Fürsorgestellen* aus den Wohnungs-, Ernährungs- und Arbeitsverhältnissen der Kranken und dem Schutz der Gefährdeten Aufmerksamkeit geschenkt wurde, als an Stelle des nüchternen Soxhletapparates die gefühlsbetonte Stillpropaganda, neben die ärztliche Behandlung die planmäßige Anleitung zu eigener Mithilfe durch zweckmäßiges Verhalten trat, erst seitdem kann von Fortschritten in den Erfolgen und — was damit auf das engste zusammenhängt — in der Volkstümlichkeit offizieller hygienischer Bestrebungen gesprochen werden.

In der Erziehung zu gesundheitsgemäßer Lebensführung — vorwiegend mit den Mitteln der „kostenlosen Hygiene“ (Licht, Luft, Sauberkeit usw.) gegenüber der nur den Wohlhabenden zugänglichen „Komforthygiene“ — liegt der Schwerpunkt der sozialen Gesundheitspflege. Erst durch die Fürsorgeeinrichtungen, die sie geschaffen hat, ist auch die hygienische Volksbelehrung im heutigen Sinn möglich geworden. Fürsorgestellen usw. haben erst die engeren Beziehungen zur Bevölkerung hergestellt, die eine Einwirkung auf die persönliche Lebensführung gestattet. Vor allem haben sich aber in dem hauptamtlichen *Fürsorgearzt*, der sich unbeschwert von den Bindungen der ärztlichen Praxis ganz der vorbeugenden Arbeit an Kranken und Gefährdeten, an Eltern und Kindern widmen kann, und in seinen Helfern und Helferinnen die Organe herausgebildet, die wir brauchen, um dieses große Erziehungswerk durchzuführen. Denn nicht nur *Belehrung*, sondern noch vielmehr *Erziehung* zu eigener Verantwortlichkeit ist Aufgabe der Fürsorge [SCHMITT (60)], oder, wie A. FISCHER (18) es ausdrückt: sie fordert Gesundheits*recht*, aber auch Gesundheits*pflicht*. Darin trifft sich die soziale Hygiene mit der aus dem Volk herausgewachsenen Lebensreformbewegung und hilft auch von ihrer Seite her wieder die Fäden zwischen Wissenschaft und Volk zu knüpfen, die zum Schaden beider so lange zerrissen waren. Glücklich ergänzt und unterstützt wird diese Arbeit durch die *Rassenhygiene*. Ihre Anfänge liegen in derselben Zeit, die den Gedanken der sozialen Hygiene reifen ließ, ihre weitere Ausbreitung beginnt aber erst, seitdem der Krieg allen sichtbar die Grundlagen unseres Volksdaseins erschüttert hat. Unbeschadet der Verzerrungen, die er durch unwissenschaftliche Willkürlichkeiten im politischen Kampf erfahren hat, ist der rassenhygienische Gedanke heute schon in weiteren Kreisen, besonders auch der Jugend

[1]) Zu eingehenderem Studium dieser Fragen sind insbesondere die Schriften von GOTTSTEIN (23—27) geeignet.

---

136. 10. 25. 470.

bewußt und lebendig geworden. Indem er über das zeitlich beschränkte Leben des einzelnen hinausweist auf die enge Verbundenheit des Schicksals von Vor- und Nachfahren, ist er noch stärker als die soziale Hygiene geeignet, die Lebensführung des einzelnen wie des Volkes mit dem Geist der Selbstverantwortung zu durchdringen und zur Hochachtung vor dem Leben und seinen geheimnisvollen Gesetzen zu erziehen.

Die Wandlung der wissenschaftlichen Anschauungen und die Fähigkeit der Wissenschaft, ihren Gehalt in praktische Werte umzusetzen, geht aus zwei konkreten Beispielen überzeugend hervor: im Jahre 1882/83 fand in Berlin die erste Allgemeine deutsche Hygiene-Ausstellung statt. Überall in dem Katalog und dem heute noch wertvollen Ausstellungswerk (340) beherrschen Fragen der Technik und der öffentlichen Gesundheitspflege das Feld, nur ganz vereinzelt sind Anregungen für die persönliche Gesundheitspflege zu finden [Christiani (9)]. So wird die „Verhütung der Volkskrankheiten" lediglich als Frage der Desinfektion behandelt, die „Hygiene des Unterrichts" kennt nur die Fragen nach der Gestaltung der Schulbank und anderer äußerlicher Hilfsmittel. Unterrichtsmaterial für Laien fehlt so gut wie vollständig.

Fast 30 Jahre später gab die Internationale Hygiene-Ausstellung Dresden 1911 einen ähnlichen Querschnitt durch das hygienische Wissen und Können der Zeit. Kern und Mittelpunkt der Ausstellung bildete die volkstümliche Halle „Der Mensch". Mit großenteils neuen, eigens erdachten Methoden wurde hier versucht, auch dem einfachen Mann die Wunder des Menschenkörpers näherzubringen und auch in den übrigen Abteilungen der Ausstellung stand das Bestreben im Vordergrund, den Beschauer in möglichst unmittelbare Berührung mit dem Schaffen der hygienischen Wissenschaft zu bringen.

Dort die rein akademische Ausstellung, die ganz auf Erforschung und Gestaltung der *Umwelt* abzielt, hier die von dem Laien K. A. Lingner geschaffene volkstümliche Weltschau der Gesundheitspflege, in deren Mittelpunkt (im realen wie im übertragenen Sinn) der Mensch steht — dieser Gegensatz kommt in eigentümlicher Weise auch in den Dauerfolgen dieser Veranstaltungen zum Ausdruck. Was die Ausstellung von 1883 an Apparaten, Modellen usw. gezeigt hatte, wurde größtenteils in dem „Hygiene-Museum" der Universität Berlin vereinigt, das den Grundstock für das spätere hygienische Universitätsinstitut bildete, aus der Internationalen Hygiene-Ausstellung 1911 aber ist das „Deutsche Hygiene-Museum" hervorgegangen, dessen immer wieder vom Menschen ausgehende und auf ihn einwirkende Arbeit den breitesten Volkskreisen unmittelbar zugute kommt.

3. Grundsätzliches zur hygienischen Volksbildung.

Der Wert und damit das Ziel allgemeiner Gesundheitspflege kann in verschiedener Richtung gesucht werden. So liegt es bei der Bevorzugung wirtschaftlicher Gesichtspunkte in den letzten Jahrzehnten nahe, den durch Krankheit entstehenden Schaden bzw. den Nutzen einer Hebung des Gesundheitszustandes zahlenmäßig zu berechnen, wie es z. B. Pettenkofer in den 80er Jahren getan hat. In den Zeiten wirtschaftlicher Not, wie gegenwärtig, drängen sich derartige Erwägungen noch mehr in den Vordergrund, zumal wenn es sich, wie z. B. beim Alkoholismus, gleichzeitig um Ersparnis von Wirtschaftsgütern handelt.

Gerade dieses Beispiel zeigt aber, daß der *Nützlichkeitsstandpunkt allein* zu einer dauernden Besserung hygienischer Zustände nur wenig beitragen kann. Sobald eine Besserung der Wirtschafts- und Ernährungslage die Verschwendung von Kartoffeln und Getreide zur Herstellung alkoholischer Getränke und die Ausgaben für deren Genuß weniger bedenklich erscheinen läßt, schwindet auch die Beweiskraft und damit die Motivkraft solcher Gedankengänge, mag ihnen nun mehr der volkswirtschaftliche oder mehr der persönliche Vorteil zugrunde liegen.

Ernsthaft Stellung nehmen und ein selbständiges Urteil gewinnen kann nur, wer über den engen Kreis egoistischer Betrachtungen hinaus zum *sittlich-sozialen Kern* der Frage vorgedrungen ist. Überhaupt können oberflächlich angeeignete oder eingepaukte Gesundheitsregeln, wie sie etwa Neufeld (47) für ausreichend hält, ebensowenig wie behördliche Vorschriften genügen. Die Nützlichkeit gewisser Regeln, wie z. B. der bekannten „Hustenregel“: „Abstand halten, Hand vorhalten, Kopf abwenden!“ soll damit nicht geleugnet werden, aber sie *allein* tun's eben nicht. Hygiene ist uns mehr als ein nützlicher Wissensstoff, für den ein bescheidenes Eckchen neben vielem anderem genügt, nicht etwas, was man dem übrigen Leben hinzutun oder nach Belieben wieder wegnehmen könnte, sondern etwas Selbstverständliches, das unser ganzes Leben durchdringt und gestalten hilft, eine Angelegenheit, die als mindestens gleichberechtigt neben die anderen Güter unserer geistig-sittlichen und materiellen Kultur gestellt zu werden beansprucht. Um die *Hygiene als Kulturfaktor* zur Auswirkung zu bringen, genügt nicht „Aufklärung“, also bloße Verbreitung verstandesmäßiger Kenntnisse. Selbstverständlich ist ein nicht zu geringes Maß von Wissen um den eigenen Körper, seine Verrichtungen, seine Beziehungen zur Umwelt unentbehrlich, um die Forderungen der Gesundheitspflege zu begründen und ein klares Gefühl für den Wert der Gesundheit reifen zu lassen. Wissen allein tut's aber nicht! Nur allzu leicht laufen Wissen und Leben getrennt nebeneinander her, und das bedeutet von vornherein den Tod aller Gesundheitspflege. Nur *lebendiges Wissen* hat einen Sinn, und lebendig wird es nur, wenn es *erlebt* wird, d. h. wenn nicht nur der Verstand, sondern der *ganze Mensch* auch in seinem Fühlen und Wollen von der Erkenntnis bewegt wird.

Nicht oder nicht nur hygienische „Volksbelehrung“, wie heute die landläufige Bezeichnung lautet, sondern *Bildung* und *Erziehung zur Gesundheitspflege* muß die Aufgabe lauten, und nur in dem weiteren Rahmen der allgemeinen Volksbildung und sittlichen Erziehung kann sie ihre Lösung finden.

Wie P. Muckermann in seinen rassenhygienischen Vorträgen und Schriften (211), wie Zeltner (82) in der Mütterberatung, Stephani (66) in der sexuellen Erziehung mindestens ebenso die sittlichen und Gemütskräfte wachzurufen, als Belehrung zu geben versuchen, so ist auch in der Familie von klein auf die Erziehung in ähnliche Bahnen zu lenken. „Nur wo Hygiene und Ethik Hand in Hand gehen, wird ein Erfolg kommen“ [Seiffert (63)], und in dieser innigen Verbindung von beidem liegt auch der *Bildungswert* der Gesundheitspflege für das Kind wie für den Erwachsenen. Insbesondere kann sie in hervorragendem Maß der *Willensschulung* dienstbar gemacht werden. So erfordern körperliche Übung und Abhärtung ein nicht geringes Maß von Ausdauer und Selbstbeherrschung, weil das Ziel nicht mit ein- oder mehrmaligem Anlauf, sondern nur durch beharrliche Fortführung bestimmter, oft unbequemer Leistungen zu erreichen ist. Ebenso wird Verzicht auf Alkohol, Tabak und ähnliche Genüsse das Gefühl der Selbstverantwortung stärken, den Blick aufs Ganze lenken und damit die wertvollsten Beiträge für die Charakter- und Willenserziehung liefern [Klatt (38, 114)].

Freilich, das kann nicht nachdrücklich genug hervorgehoben werden, eine solche Erziehung hat nur Aussicht auf Erfolg, wenn das *eigene Beispiel des Erziehers* dahintersteht, und das gilt besonders für Forderungen, die Verzicht auf Annehmlichkeiten und Bequemlichkeiten bedeuten. Der Lehrer, der tabakduftend das Schulzimmer betritt, der seinen Körper durch unzweckmäßige Kleidung und Luftscheu verweichlicht, wird mit Lehren über gesundheitsgemäße Lebensführung ebenso tauben Ohren predigen als etwa der Arzt, von dem jeder weiß, wie oft und gern er hinter dem Bierglas sitzt. Diesen Anforderungen sind die Erzieher — Ärzte, Lehrer, Geistliche und Eltern — heute größtenteils noch nicht gewachsen, und es wird einer Erziehung durch Generationen hindurch bedürfen, um unserem Ziel näher zu kommen.

4. Die Träger der hygienischen Volksbildung und ihre Schulung.

Ist der Arzt oder der Lehrer als der berufene Träger der hygienischen Volksbildung anzusehen? Die Frage wird immer wieder ausgesprochen, ist aber falsch gestellt. Nicht Arzt *oder* Lehrer, sondern Arzt *und* Lehrer muß es heißen. Die Frage kann nur sein, wie die Zuständigkeit nach beiden Seiten abgegrenzt werden soll.

In allen Dingen, die den körperlichen Menschen, seine Lebensbedingungen und seine Gesunderhaltung angehen, ist an sich der Arzt als Fachmann der berufene Ratgeber, und in früheren Zeiten, wo er als Hausarzt mit seinen Schutzbefohlenen nicht nur in Krankheitsfällen, sondern dauernd in engster Fühlung stand, war er auch der gegebene Vermittler hygienischer Unterweisung [Doll (14)]. Diese vorbeugende ärztliche Tätigkeit, die allerdings im allgemeinen nur wohlhabenden Kreisen zugute kam, ist durch die soziale und wirtschaftliche Entwicklung zerstört worden. Sie würde aber auch den gesteigerten Anforderungen der Gegenwart nicht mehr genügen, denn heute ist die hygienische Volkserziehung überwiegend eine Frage der Beeinflussung der Massen geworden.

Der Tätigkeit des Arztes sind hierbei sachliche und persönliche Grenzen gezogen. Die Eigenart des ärztlichen Berufes, nie im voraus eine sichere Verfügung über die Zeit zu gestatten, macht eine regelmäßige Unterrichtstätigkeit von nennenswertem Umfang unmöglich. Auch der beamtete Fürsorgearzt ist meist so in Anspruch genommen, daß er tagsüber, abgesehen von der Fortbildung seines Fürsorgepersonals, kaum jemals Zeit zu schulmäßiger Unterrichtstätigkeit findet. Da zudem die Zahl der praktischen Ärzte und der beamteten Ärzte in gar keinem Verhältnis zu der Zahl der Unterrichtsbedürftigen steht, so kann der Arzt schon aus *äußeren* Gründen nicht als hauptsächlicher Träger des Gesundheitsunterrichts in der Schule in Frage kommen.

Aber auch aus anderen Gründen wird sich das Ideal, das uns Kriechbaum (39) von dem Arzt als Volkserzieher entwirft und das in der Vereinigung des ärztlichen mit dem Lehrerberuf besteht, nur in glücklichen Ausnahmefällen verwirklichen lassen, selbst wenn man, wie Liefmann (121, 122) es will, den ärztlichen Unterricht nur für die Oberstufe vorsieht.

Vor allem weist der Durchschnittsarzt erhebliche Mängel in seiner Ausbildung auf. Der hygienische Unterricht auf der Universität vermittelt zu wenig an praktischer Gesundheitspflege, was manchem z. B. im Krieg schmerzlich zum Bewußtsein gekommen ist, und auch die soziale Hygiene ist wenigstens den älteren Berufsgenossen oft noch fremd.

Fassen wir die hygienische Volksbelehrung als eine Frage der *Erziehung* auf, so ist *pädagogische Veranlagung* und *Schulung* unerläßliche Voraussetzung. Das ärztliche Studium bietet für eine solche Ausbildung kaum eine Möglichkeit. Weder sind Erziehungsfragen im Lehrplan vorgesehen, noch sind die Hochschullehrer immer lebendige Beispiele tüchtiger Erziehungskunst, weil sie an erster Stelle nach ihrer wissenschaftlichen, nicht nach der pädagogischen Befähigung ausgewählt werden. — Dem angehenden Arzt fehlt ferner die Übungsform des *Seminars*, die z. B. in der Ausbildung des Philologen und des Juristen einen breiten Raum einnimmt. Zwang zur selbständigen Vertiefung in bestimmte Fragen und zur freien Rede würde ein wertvolles Gegengewicht gegen die Überfülle des Einzelwissens bieten, das der Mediziner in sich aufnehmen muß. Auch würde seine Aufmerksamkeit mehr auf die großen Zusammenhänge, die Grund- und Grenzfragen gelenkt, die infolge der Spezialisierung der Unterrichtsfächer in den Hintergrund treten, für eine geistigere Auffassung der Medizin und der Hygiene aber so wesentlich sind. Der freiere Gebrauch des gesprochenen Wortes ist ebenfalls eine Voraussetzung volkserzieherischer Arbeit, die man bei dem überwiegenden Teil der Ärzteschaft vermißt (s. dazu S. 34). Durch etwas Übung und Selbsterziehung kann dieser Mangel unschwer überwunden werden, heute liegt aber in ihm einer der wesentlichsten Gründe, warum die Ärzteschaft noch so wenig Anteil an der Belehrungsarbeit nimmt[1]).

Damit überläßt sie es dem ungebildeten, aber wortgewandten Kurpfuscher, das Bedürfnis des Volkes nach Aufklärung zu befriedigen. Dieses Bedürfnis ist so groß, daß alte Standesvorurteile, wirtschaftliche und politische Bedenken zurücktreten müssen. Ärztliche Wanderredner, mit einigem Anschauungsmaterial ausgerüstet, würden zur Bekämpfung des Kurpfuschertums weit mehr beitragen als alle gesetzlichen Maßnahmen. Das Volk hungert geradezu nach solcher Belehrung aus dem Munde Sachverständiger, und darum kann einer „Erweiterung des ärztlichen Berufs" [Neustätter (48)] nur das Wort geredet werden. In der Ausbildung mindestens der Sozialärzte müßte darum diesen Fragen größere Aufmerksamkeit als bisher zugewandt werden. Durch besondere Lehrgänge, wie sie zuerst das Deutsche Hygiene-Museum aufgenommen hat (s. S. 14), kann hier manches nachgeholt werden, was während des Studiums versäumt wird. Soweit es sich um besondere Arbeitsgebiete von Berufsberatung, Gewerbehygiene usw. handelt, die eine speziellere Schulung erfordern, dürften die sozialhygienischen Akademien die berufensten Ausbildungsstellen sein.

Wem *im einzelnen Fall* der Vorzug zu geben ist, dem Arzt oder dem Lehrer, das entscheidet sich zu einem großen Teil nicht nach den Kenntnissen, sondern nach der Persönlichkeit, nach dem natürlichen pädagogischen Geschick des Lehrenden und seiner Befähigung zu solcher „Missionstätigkeit", wie es v. Erdberg (93) nennt. In dieser Hinsicht gilt alles, was hier über die Eignung von Berufs wegen gesagt werden kann, mit einem gewissen Vorbehalt.

In Dingen der Pädagogik und der Unterrichtstechnik ist zweifellos der Lehrer der gegebene Fachmann. Schon die Beherrschung der Form macht ihm geringere Schwierigkeiten. Vor allem ist er aber, anders als der Arzt, darin geschult, sich auf die verschiedene Aufnahmefähigkeit der einzelnen Altersstufen einzustellen und ihnen das Wissen zu übermitteln, das sie verarbeiten können. Nur der Lehrer steht mit seinen Schülern dauernd in so enger Verbindung, daß er die vielfachen Mittel und Wege zur hygienischen Erziehung ausnutzen kann (s. u.). Der Lehrer hat darum ganz recht, wenn er den „Lehrpfuscher" ebenso ablehnt wie der Arzt den „Kurpfuscher", und deshalb geht auch heute die allgemeine Ansicht dahin, daß der hygienische Unterricht in der Schule in der Hauptsache vom Lehrer zu erteilen ist (s. z. B. die Stellungnahme der Reichsschulkonferenz S. 17). Der Satz „Die Schule dem Lehrer!" schließt nicht aus, daß geeignete Ärzte, an erster Stelle die Schulärzte, zu geeigneter Zeit, vor älteren Schülern über Fragen sprechen, die, wie die sexuelle Frage, des Hintergrunds ärztlicher Erfahrung nicht entraten können.

Die Ausbildung des *Lehrers,* und zwar die des Volksschullehrers ebenso wie die des Lehrers an höheren Schulen (einschließlich Gewerbeschulen) in Gesundheitspflege ist bis heute noch sehr mangelhaft. Durch gelegentliche Fortbildungskurse und Bücherstudium kann ein planmäßiger Unterricht in Lehrerbildungsanstalten nicht ersetzt werden. Der Bildungswert der Gesundheitspflege kann vom Lehrer

[1]) In einem deutschen Bundesstaat haben sich vor wenigen Jahren auf eine Rundfrage unter 1000 Ärzten nur 50 bereit erklärt, im Sinne des Landesausschusses für hygienische Volksbelehrung mitzuarbeiten. — In neuester Zeit bahnt sich offenbar ein Umschwung an. Insbesondere der Hartmann-Bund und die Deutsche Gesellschaft zur Bekämpfung des Kurpfuschertums setzen sich stark für eine regere Beteiligung der Ärzte nicht nur an der Abwehr des Kurpfuschertums, sondern auch an der positiven Belehrungsarbeit ein.

nur dann zur Geltung gebracht werden, wenn er selbst aus dem Vollen schöpft; durch falsches und halbes Wissen wird mehr Schaden als Nutzen angerichtet. In richtiger Erkenntnis dessen wird seit langen Jahren von der Lehrerschaft selbst eine Verbesserung der hygienischen Ausbildung angestrebt (ROLLER, BURGERSTEIN, HARTMANN u. a.).

Soll der Unterricht lebendig sein, dann darf der angehende Lehrer sein Wissen nicht aus zweiter oder dritter Hand erhalten, sondern seine hygienische Schulung ist, wo irgend angängig, in die Hand des Arztes bzw. des Hygienikers zu legen. Mindestens muß aber der, der die künftigen Lehrer unterrichtet, selbst seine Kenntnisse auf der Universität erworben haben [UHLENHUTH (157)]. An den Lehrerbildungsanstalten in Bayern, Württemberg, Österreich, der Schweiz usw. wird der Unterricht großenteils von Seminarärzten, beamteten Ärzten usw. erteilt. Wenn, wie zu erwarten steht, nach dem Beispiel Sachsens die Ausbildung des Volksschullehrers allgemein an die Hochschule verlegt wird, kann der Unterricht auf die breiteste wissenschaftliche Grundlage gestellt werden. An den hierzu erforderlichen Sondervorlesungen teilzunehmen, wird auch den angehenden Lehrern an den höheren Schulen zur Pflicht zu machen sein, auch wenn sie nicht, wie der Naturwissenschaftler, zur Erteilung des eigentlichen Gesundheitsunterrichts berufen sein werden. Denn auch an den höheren Schulen darf die Gesundheitspflege kein *Fach* sein, das sich auf eine bestimmte Stundenzahl beschränkt, sondern sie muß sich wie ein roter Faden durch das gesamte Schulleben hindurchziehen, und dazu ist ausreichendes Verständnis bei *allen* Lehrern unentbehrlich[1]).

Allerdings wird nicht allein, wie in Österreich vorgeschrieben, die Verpflichtung zum Besuch eines einschlägigen Kollegs genügen, sondern die Hygiene ist, wie es z. B. K. A. M. HARTMANN (106) schon seit Jahren fordert, zum *Prüfungsgegenstand* zu erheben. In den Vorlesungen ist der Schulhygiene besondere Beachtung zu schenken. Ob Anatomie und Physiologie in die hygienischen Vorlesungen mit einzubeziehen sind, oder ob vorher wenigstens für Naturwissenschaftler und Turnlehrer besondere Vorlesungen abgehalten werden sollen und in welchem Umfang, darüber sind die Meinungen noch geteilt. SELTER (152) fordert z. B. für Anatomie und Physiologie eine je dreistündige Vorlesung, während er für die hygienische Hauptvorlesung 4 Stunden für notwendig hält. Diese würden zweckmäßigerweise auch älteren Lehrern am selben Ort als Fortbildungsgelegenheit mit zugänglich gemacht.

UHLENHUTH hat in einer Denkschrift an das Badische Ministerium für Kultus und Unterricht (157) vorgeschlagen, daß jeder Student der philosophischen und der mathematisch-naturwissenschaftlichen Fakultät, der später an einer Mittelschule angestellt werden will, ein einsemestriges Pflichtkolleg hören muß. Von Lehrern, die an Mittelschulen und Seminaren in Biologie, Lebens- und Bürgerkunde unterrichten wollen, soll Besuch eines zweisemestrigen Kollegs verlangt werden. In dem einen (ersten) Semester soll ein Dozent der Hygiene über Schulgesundheitspflege lesen, im zweiten über Sozialhygiene, Gesundheitsfürsorge usw. Ohne die anatomisch-biologischen Grundlagen, die zum Verständnis der Hygiene unentbehrlich sind und die wenigstens gegenwärtig noch, die höheren Schulen nur zu einem bescheidenen Teil vermitteln, dürften aber solche Vorlesungen kaum genügend in die Tiefe gehen können.

---

[1]) Von ED. REICH wird schon im Jahre 1866 in seinen Ausführungen über die Notwendigkeit hygienischen Schulunterrichts (136) die weitergehende Forderung erhoben, diesen Unterricht an der Universität für *alle* Fakultäten obligatorisch zu machen. „Denn alle sogenannten gelehrten Professionen haben es mit dem Menschen zu thun und die Möglichkeit getreuer Erfüllung der Amtspflichten hängt mit genauer Erkenntniß der Lebens- und Wohlfahrtsbedingungen des Menschen auf das Innigste zusammen."

Wünschenswert ist darüber hinaus, wenigstens einen Teil der Lehrer und Lehrerinnen auch in die *Praxis* der Gesundheitspflege einzuführen. So bildet PIRQUET (135) an der Wiener Kinderklinik absolvierte Lehrerinnen theoretisch und praktisch in allgemeiner Hygiene, Ernährungs- und Haushaltungskunde so aus, daß sie, wie sich gezeigt hat, mit gutem Erfolg als Wanderlehrerinnen tätig sein können. Bei dieser Ausbildung wird auf das praktisch Anwendbare mehr Wert gelegt als auf theoretische Einzelheiten, ein Grundsatz, der auch sonst festgehalten zu werden verdiente.

Solange die Ausbildung der Lehrer keine ausreichende ist, muß durch *Fortbildungskurse* für die Ausfüllung der schlimmsten Lücken Sorge getragen werden. An erfolgreichen Versuchen dieser Art ist bisher kein Mangel gewesen. So hat UHLENHUTH (334) in Freiburg im Jahre 1924 einen mustergültigen Kurs abgehalten, der besonders der Tuberkulosefrage gewidmet war. In besonders großzügiger Form hat der Preußische Landesausschuß für hygienische Volksbelehrung im Jahre 1922 einen achttätigen Lehrgang für Teilnehmer aus allen Provinzen Preußens veranstaltet, bei dem von Fachleuten die Grundlagen der gesamten Hygiene behandelt wurden. Im allgemeinen wird bei solchen Veranstaltungen auf die Bedürfnisse des Unterrichts und auf die praktische Gesundheitspflege mehr Gewicht zu legen sein als auf die Theorie, weil damit das Ziel, den Inhalt der Hygiene in der Schule lebendig zu machen, am ehesten und sichersten zu erreichen ist. Aus dieser Erwägung heraus ist vom Deutschen Hygiene-Museum im Jahre 1924 ein Lehrgang für hygienische Volksbildung veranstaltet worden (314), bei dem die Unterrichtsmethoden, die Anschauungsmittel, die Schulhygiene usw. besonders betont wurden. Da der Lehrgang zur Hälfte für Lehrer, zur Hälfte für Ärzte bestimmt war, bot sich auch erwünschte Gelegenheit, beide Berufskreise miteinander in Fühlung zu bringen. Erwähnung verdienen auch die Lehrgänge, die die *Sächsische Landeshauptstelle gegen den Alkoholismus* in allen größeren Städten Sachsens für Lehrer und Erzieher veranstaltet hat. Neben den wissenschaftlichen Grundlagen behandelten sie auch die praktischen Arbeitsmöglichkeiten in Schule und Gemeinde und haben damit weit über die Lehrerkreise hinaus Anklang und Erfolg gefunden.

Als *Erzieher* — wenn auch in etwas anderem, teils weiterem, teils engerem Sinne — ist auch der *Geistliche* zu hygienischer Belehrung berufen, natürlich ebenfalls in Zusammenarbeit mit dem Arzt. Die engen Beziehungen von Gesundheit und Sittlichkeit geben dem Seelsorger, der mit den seelischen und leiblichen Nöten seiner Schutzbefohlenen vertraut ist, die vielfältigsten Wirkungsmöglichkeiten, zumal in den rassenhygienisch wichtigen Fragen des Geburtenrückganges, der Abtreibung, der Gattenwahl, ferner in der Stillfrage, in der Bekämpfung der ansteckenden Krankheiten, der Geschlechtskrankheiten, des Alkohols usw. [SEIFFERT (62)]. Auch hier kann das persönliche Beispiel viel tun. Die Tatsache z. B., daß gegenwärtig rund 10% der evangelischen Geistlichen Deutschlands organisierte Enthaltsame sind, hat mehr Wert für die Bekämpfung des Alkoholismus als alle Reden und Vorlesungen über diese Frage. — Leider nimmt die Vorbildung der Geistlichen auf diese Seite ihres Berufs bisher noch ganz ungenügend Rücksicht.

Neben Arzt, Lehrer und Geistlichem stehen eine ganze Reihe von Berufen in so enger Berührung mit der öffentlichen Gesundheitspflege, daß sie zur Verbreitung hygienischer Belehrung wesentlich mit in Frage kommen. In erster Linie die Fürsorgeschwestern, deren Beruf ja großenteils in praktischer Belehrungsarbeit, vor allem unter der weiblichen Bevölkerung, aber auch in Schulen besteht. In ihrer Ausbildung nimmt daher der Gesundheitsunterricht mit Recht einen großen Raum ein. Ähnlich liegen die Verhältnisse bei dem Krankenpflege- und Sanitätspersonal. Den *Hebammen* bietet sich ständig Gelegenheit, über das gesundheitsgemäße Verhalten der *Frau* vor und nach der Geburt wie auch über die Pflege des Säuglings in den ersten Lebenstagen richtige Anschauungen zu verbreiten [Ickert (33, 34)]. Auch die *Desinfektoren* streben, zumal seit ihre Tätigkeit durch die neue Desinfektionsordnung eine gewisse Umstellung erfahren hat, von sich aus eingehendere Beschäftigung mit der allgemeinen Gesundheitspflege an (275), und in ihrer Weiterbildung wird darauf auch schon Bedacht genommen (77)[1]. Ickert (34) gibt die Anregung, auch für die *Gemeindeschwestern*, für *Krankenbesucher* und *Kontrolleure* der Krankenkassen — auch Geistliche, Wohnungs- und Armenpfleger sollten mit einbezogen werden —, an den Desinfektionsschulen, die in Preußen an die Medizinaluntersuchungsämter angeschlossen sind, Kurse in Gesundheitspflege abzuhalten und auf diese Weise einen Stamm von „Laienhygienikern" heranzubilden, der — selbstverständlich in ständiger Fühlung mit dem Arzt — eine wertvolle vorbeugende Tätigkeit ausüben könnte.

Daß hier auch persönliches Vorgehen manches leisten kann, zeigt das Beispiel eines schlesischen Arztes, der durch geeignete Helfer und Helferinnen bei Familien seines Wirkungskreises in Form harmloser Krankenbesuche Aufklärung über Mängel in der Ernährung, Sauberkeit, Lüftung usw. geben ließ. Auch die berufenen Vertreter der Arbeiterschaft in den Fabriken, die *Betriebsräte*, können und müssen zur Verbreitung hygienischer Kenntnisse beitragen [Springer (65)]. Im Rahmen der Betriebsrätekurse ist deshalb auch der Hygiene neben den wirtschaftlichen und organisatorischen Fragen ein gebührender Platz einzuräumen. Vor allem aber muß die heute noch ganz überwiegend auf gewisse technische Schutz- und Überwachungsmaßnahmen (Schutz vor Unfällen usw.) eingestellte *Gewerbeaufsicht* mit dem Geist der vorbeugenden Gesundheitsfürsorge durchtränkt werden. Einen verheißungsvollen Anfang in dieser Hinsicht bedeutet die Einstellung von Ärzten als Gewerbereferendare in Sachsen, doch ist daneben die hygienische Schulung der technischen Gewerbeaufsichtsbeamten, Fabrikgewerbeinspektoren usw. mindestens ebenso wichtig.

Als *mittelbare Träger* der hygienischen Belehrung kann man auch Volks- und Gemeindevertreter und Behörden ansprechen, die an der Erhaltung und dem Ausbau sozialhygienischer Einrichtungen mitzuwirken haben. Genauere Kenntnis der Hygiene würde hier nicht nur unmittelbaren Nutzen stiften, sondern würde auch das Verständnis für die Bedürfnisse der Gesundheitspflege und der hygienischen Volksbelehrung in weiteren Kreisen zu wecken imstande sein. Kurse für Verwaltungsbeamte sind z. B. in Preußen (Berlin, Breslau, Göttingen, Kiel, Königsberg, Marburg) mehrfach abgehalten worden (301). Ickert macht dazu den beachtenswerten Vorschlag, weniger theoretische Vorträge und Kurse, als praktische Besprechungen zu veranstalten, denen örtliche Ereignisse von hygienischer Bedeutung, kleine Epidemien u. dgl. zugrunde gelegt werden. Die Hygiene ist nun einmal „ein eminent praktisches Fach" (Uhlenhuth) und kann daher im Unterricht gar nicht eng genug mit der Praxis des täglichen Lebens in Berührung gebracht werden.

Als Träger der Belehrung kann man endlich auch die *Anstalten* bezeichnen, in denen die genannten verschiedenen Berufe ihre Ausbildung erhalten. Hierzu gehören an erster Stelle die *hygienischen Institute* der *Universitäten*, die sich der allgemeinen Belehrungsaufgaben z. T. mit großem Eifer widmen (z. B. Bonn, Jena, Freiburg, Rostock).

---

[1]) Für die Geschichte der hygienischen Volksbelehrung ist bemerkenswert, daß sich Lingner zuerst mit der Aus- und Fortbildung der Desinfektoren beschäftigt und die sächsische Landesdesinfektorenschule (306) wie auch eine besondere Zeitschrift für sie (275) begründet hat.

5. Hygienischer Schulunterricht.

Der Lehrplan aller Schulgattungen ist heute mit Stoff so überlastet, daß Bedenken gegen die Aufnahme des hygienischen Schulunterrichts nicht ganz von der Hand zu weisen sind. Bei der zentralen Bedeutung aber, die der Pflege der physischen Grundlage unseres Lebens gerade in der Schule zukommt, darf dieses Bedenken nicht den Ausschlag geben. Unter dem vielen, was heute der Schule aufgepackt wird, hat gar manches reinen Nützlichkeitswert, keinen Bildungswert und *kann* nicht nur, sondern *muß* notwendigenfalls gegenüber der Gesundheitspflege in den Hintergrund treten.

Die ersten Versuche, Hygiene in der Schule zu lehren, gehen bis in das 17. Jahrhundert zurück. Schon im Jahre 1647 wurde am Stettiner Marienstifts-Gymnasium durch den Schularzt Dr. GEORG KIRSTEIN solcher Unterricht erteilt [ROLLER (153)]. Ende des 18. und Anfang des 19. Jahrhunderts finden wir in Deutschland und anderen europäischen Staaten häufigere Versuche dieser Art in den Volksschulen. Nach ROLLER (144) hat besonders der „Gesundheitskatechismus" von BERNHARD CHRISTOPH FAUST als Unterlage dafür gedient und hat z. B. in Hessen den Unterricht bis auf die Dörfer tragen helfen. Das zuerst im Jahre 1792 erschienene Buch, das nach dem ursprünglichen Plan dem christlichen Katechismus angegliedert werden sollte und „zum Gebrauch in den Schulen und beim häuslichen Unterricht" für zwölfjährige Kinder bestimmt war, wurde zwar schon von den Zeitgenossen als pädagogisch mangelhaft angesehen, weil es vielzuviel auch ungeeigneten Stoff enthielt, doch brachte es daneben so viel wertvolle und originelle Gedanken, daß Guths-Muths sagen konnte: „Die Idee eines solchen Unterrichtswerkes wiegt viele tausende Folianten Ideen auf, wie edles Gold die Federn von schnatternden Gänsen"[1]). Die Zeit war aber noch nicht reif, um der Gesundheitspflege einen dauernden Platz in der Schule zu sichern, wenn auch, wie mancher Mahnruf von Ärzten und Lehrern zeigt [vgl. z. B. ED. REICH (136), BEAUGRAND (85), M. FISCHER (95)], der Wunsch danach nie erlosch.

Erst die Vereinigten Staaten von Amerika haben in neuerer Zeit entscheidende Schritte in dieser Richtung getan, und nicht die wissenschaftliche Hygiene, sondern die aus dem Volke herausgewachsene Bewegung gegen den Alkoholismus hat den Anstoß dazu gegeben. Schon seit den 40er Jahren wurde den Lehrern hygienischer Unterricht zuteil, im Jahre 1882 führte zuerst der Staat Vermont durch die Temperance education law den Unterricht über die Alkoholfrage ein, auf die breiteste Grundlage wurde er aber durch die Kongreßakte von 1886 gestellt, die besagte: „Nach dem 1. I. 1888 soll niemand die Berechtigung haben, an öffentlichen Schulen zu lehren, der nicht in Psychologie und Hygiene mit besonderer Berücksichtigung des Kapitels über die Eigenschaften alkoholischer Getränke sowie der Narkotika und deren Wirkungen auf den Menschenkörper ein befriedigendes Examen abgelegt hat." Der von MARY HUNT geleiteten „Scientific temperance instruction", einer Abteilung der „Womens Christian Temperance Union", ist dieser Erfolg zu verdanken (159), und die Frauen sind bis heute an der Erteilung des hygienischen und alkoholgegnerischen Unterrichts in den Vereinigten Staaten vorwiegend beteiligt, was für den gefühls- und willensmäßigen Einschlag und damit für den Erfolg des Unterrichts von nicht geringer Bedeutung ist.

In den europäischen Staaten liegen die Verhältnisse weniger einheitlich. Zwar sind in den letzten Jahrzehnten durch die Bemühungen von BURGERSTEIN (8, 89,

[1]) Um die hygienische Weisheit des Bückeburger Leibarztes der Gegenwart wieder zugänglich zu machen, habe ich eine Neuausgabe (Faksimiledruck nach der ersten Auflage) besorgt (94) Verf.

90), ROLLER (143, 153), HARTMANN (106—108), LEUBUSCHER (118), LORENTZ (123 bis 127), NETOLITZKY (130), SELTER (152—153) u. a. schon große Fortschritte erzielt worden, doch kann von einem ausreichenden Gesundheitsunterricht vorerst nur vereinzelt, z. B. in den nordischen Ländern und einzelnen Schweizer Kantonen, gesprochen werden. Verhältnismäßig am günstigsten liegen die Verhältnisse in den großen Städten, wo die größere Zahl der Schulstunden, die reichlicheren Anschauungsmittel in und außerhalb der Schule und die bequemeren Fortbildungsmöglichkeiten dem Lehrer die Aufgabe erleichtern. Auf dem Lande dagegen ist ein wirklicher Unterricht großenteils überhaupt noch nicht verwirklicht. Noch nach 1919 entfielen in Sachsen — einem Land, dessen Schulwesen als besonders fortschrittlich gilt — während der ganzen Schulzeit auf Menschenkunde und Gesundheitslehre nur *50 Stunden* gegenüber mindestens *400 Religionsstunden.* Die Handhabung des hygienischen Unterrichts in all den verschiedenen Schularten (einschließlich Handels- und Gewerbeschulen) ist nicht leicht zu übersehen, da die Lehrpläne nur einen losen Rahmen dafür abgeben. Es ist deshalb eine dankenswerte Arbeit, wenn einmal für ein bestimmtes Gebiet eine eingehende Erhebung durch Fragebogen stattfindet, wie sie der Sächsische Landesausschuß unter Dr. NEUSTÄTTER im Jahre 1922 vorgenommen hat. Die Ergebnisse sind von TEUSCHER (156) auf das gründlichste bearbeitet worden. Die großen Lücken des bisherigen Unterrichts treten darin ebenso hervor wie die unendlichen Möglichkeiten, die sich dem verantwortungsbewußten Lehrer bieten, auch wo die äußeren Umstände, die Lehrmittel usw. nicht auf der wünschenswerten Höhe stehen[1]).

Was ganz allgemein verlangt werden muß, hat der Ausschuß 11 c für schulhygienische Fragen auf der Reichsschulkonferenz 1920 in folgende Sätze gefaßt (153):

„1. Die hygienische Erziehung der Schüler ist notwendig zur Verbesserung der gesundheitlichen Lebensbedingungen und als Voraussetzung der gesundheitsgemäßen Lebensführung der Schüler selbst. Sie ist die Grundlage der Verbreitung hygienischer Lehren im Volk, der Bekämpfung der Volkskrankheiten und der Hebung der Volkskraft. Die hygienische Erziehung der Schüler ist daher von allen Schulen und auf allen Stufen durchzuführen.

2. Die hygienische Erziehung in der Schule hat durch den Lehrer zu erfolgen. In geeigneten Fällen ist die Mitwirkung des Arztes geboten.

3. Die hygienische Erziehung soll das ganze Schulleben durchdringen. Jedes Unterrichtsfach kann ihr dienstbar gemacht werden, besonders der naturwissenschaftliche Unterricht. Aber auch besondere Unterrichtsstunden in der Hygiene sind in allen Schulen einzuführen.

4. Die hygienische Erziehung der Schüler setzt die hygienische Vorbildung aller Lehrer voraus, die nach einheitlichen Grundsätzen für die Lehrer aller Lehranstalten durchgeführt werden soll. Sie hat im besonderen Anatomie, Physiologie und Hygiene zu umfassen und ist durch eine Prüfung nachzuweisen.

5. Es ist Vorsorge zu treffen, daß in der Übergangszeit, bis die ordnungsgemäße hygienische Vorbildung der Lehrer allgemein durchgeführt ist, auch die bereits im Amte befindlichen Lehrer in geeigneter Weise zur hygienischen Erziehung der Schüler befähigt werden."

Die Fragen des Lehrplans, der Stoffverteilung usw., in denen allein dem Schulfachmann die Entscheidung zusteht, können hier beiseite gelassen werden. An dieser Stelle kommt es nur auf die leitenden Gedanken an, auf die der Unter-

---

[1]) Die Arbeit TEUSCHERS ist in einem Neudruck, zum Teil erweitert und ergänzt, im Jahre 1925 vom sächsischen Volksbildungsministerium ebensowohl wie vom Wirtschaftsministerium an sämtliche ihnen unterstehenden Schulen verteilt worden.

richt einzustellen ist und die auch über die Schule hinaus Geltung beanspruchen. Die Schule ist heute in einem Umgestaltungsprozeß begriffen, den man kurz und schlagwortmäßig, wenn auch nicht erschöpfend als Entwicklung von der „Lernschule" zur „Arbeitsschule" bezeichnen kann. Nicht mehr die drillmäßige Aneignung von möglichst viel Gedächtnisstoff bildet für die neuere Pädagogik das Schulziel, sondern die Erziehung zur Persönlichkeit, die selbständig zu den Aufgaben des Lebens Stellung zu nehmen und die ihr von Natur gegebenen Anlagen zu gebrauchen und weiter zu entwickeln versteht. Charakter- und Willensbildung beanspruchen den Vorrang gegenüber der früher maßgebenden formalen und Verstandesschulung. Darum wird der Lehrstoff nach seinem *Bildungswert* beurteilt und ausgenutzt. Folgerichtig drängt die Pädagogik darauf hin, den bisher in zahlreiche Fächer zerteilten Unterricht zu größeren Gruppen oder in der Volksschule bis zum „Gesamtunterricht" zusammenzufassen.

Für die Gesundheitslehre bedeutet das von vornherein die beste, ja die einzig mögliche Grundlage, wenn sie nicht nur Wissen vermitteln, sondern den ganzen Menschen packen und bilden soll. Losgelöst von den übrigen Teilen der Erziehung, als bloßes Unterrichtsfach in einer bestimmten Stundenzahl erledigt, ist Belehrung unfruchtbar; nur wenn sie in enge Beziehung zum allgemeinen Unterrichtsziel gesetzt wird, wenn hygienisches Denken und Handeln zum Grundzug des gesamten Schulwesens wird, oder, wie KLOSS (115) es ausdrückt, wenn Gesundheitslehre nicht nur als Fach, sondern als Unterrichtsgrundsatz behandelt wird, kann sie wirklich das leisten, was sie leisten soll.

„Erziehung zur Tat", „schaffendes Lernen" [SEYFERT (154)], „Lebenskundigkeit statt Schulweisheit" [REICHEL (138)] sind die Stichworte für die heutige Unterrichtsmethode, und auch darin kommt die Pädagogik den Bedürfnissen der hygienischen Erziehung glücklich entgegen. Wie schon oben berührt, muß das Kind an hygienische Lebensführung gewöhnt werden, ebenso wie es gewisse Anstandsregeln einhalten lernt, längst ehe die begriffliche Erfassung derselben und ihrer Begründung möglich ist. So muß es lernen, sich sauber zu halten, auch ohne von Bakterien etwas zu wissen. Bewußte und unbewußte Gewöhnung an hygienisches Tun ist die beste Stütze für den späteren Unterricht, wie umgekehrt falsche Gewöhnung zu unüberwindlichen Hemmnissen für ihn werden kann.

SEIFFERT (151) macht hierzu, angeregt durch amerikanische Vorbilder, den Vorschlag, vor und neben dem systematischen Unterricht eine pflichtmäßige *praktische Gesundheitsunterweisung* in der Schule einzuführen. So soll gezeigt werden, wie die Hände richtig zu waschen, die Fingernägel zu reinigen, die Zähne zu putzen sind. Die Erfüllung bestimmter Gesundheitsgebote (s. S. 76) müßte der Lehrer dauernd überwachen. Das österreichische Jugendrotkreuz hat hierfür eine recht praktische Form gefunden (s. S. 77).

Der Unterricht selbst kann sich in dreierlei Formen abspielen [HERTEL (153)]: gelegentlich, im Anschluß an geeignete Fächer und als besonderer Unterricht. Zu *gelegentlicher Belehrung* lassen sich je nach dem Alter all die kleinen und größeren Tageserlebnisse benutzen, die irgendwie mit dem Körper zu tun haben, wie: Essen des Frühstücks, Schulspeisung, Turnen, Baden und Schwimmen, Spielnachmittage, Schulausflüge, Wanderungen, Arbeit in Schulgärten. Ferner bieten die Untersuchungen durch den Schularzt, Messen und Wiegen, Durchsicht auf körperliche Reinlichkeit und Ungeziefer, Impfen dankbare Anlässe. Der Wechsel der Jahreszeiten und der Witterung bietet Gelegenheit, über Abhärtung und Verwöhnung, zweckmäßige Kleidung usw. zu sprechen. Fehlen in der Schule, kleine Wunden, Furunkel usw. lassen sich zur Belehrung über Erste Hilfe und Krankenpflege benützen. Hat ein Kind Zahnschmerzen, so wird über Zahnpflege und Zahnbehandlung (Schulzahnkliniken) gesprochen, eine Masernepidemie oder sonstige Erkrankungsfälle geben Anknüpfungspunkte für eine Besprechung der ansteckenden Krankheiten ab. Bei Katarrhen wird auf den Gebrauch des Taschentuches, auf das Anhusten, Anniesen usw. eingegangen. Nicht zuletzt erwächst auch aus den Forderungen der Schul- bzw. Schulhaushygiene vielfache Anregung, z. B. Reinigung der Schuhe vor Betreten der Räume, Lüftung, Heizung, Benutzung des Aborts (regelmäßiges Aufsuchen, Sauberhalten, Händewaschen nicht vergessen!). Wo der Lehrer und Erzieher enger mit den Schülern zusammenlebt, wie in Internaten, Ferienkolonien, Kinderheimen, wird jeder Tag irgendeinen Erlebnisstoff dieser Art bringen. Überall wird auch Gelegenheit genug sein, auf Abstellung unhygienischer Gewohnheiten hinzuwirken. Durch gelegentliche Wiederholungen, etwa im Anschluß an den Tageslauf des Kindes, kann die Wirkung lebendig erhalten und gefestigt werden. Bei größeren Schülern bereitet es z. B. auch viel Freude, Zeitungen auf hygienische Fragen (Sozialhygiene!) durchzustudieren. Bei alledem wird nicht nur der Lehrer den Schüler, sondern auch ein Kind das andere beeinflussen können. Gibt man z. B., wie es von Geissler (99, 100) vorgeschlagen wird, einzelnen Kindern Aufträge als,, Reinlichkeitswart", als „Eßwart" oder „Augenberater", so wird man mit dem kindlichen Ehrgeiz auch das Gefühl der Selbstverantwortung und den Gemeinschaftssinn stärken (vgl. S. 77).

Die unmittelbare Anschauung und die Stärke innerlicher Anteilnahme an den selbsterlebten Ereignissen bewirken eine festere Verankerung hygienischer Wahrheiten in der Kinderseele, als wenn ihm allgemeine, aus gedanklichen Konstruktionen abgeleitete Regeln vorgesetzt werden.

Unter den Unterrichtsfächern, an die die Gesundheitspflege angegliedert werden kann, stehen die Naturwissenschaften an erster Stelle, wenn darüber auch andere, z. B. Geschichte und Bürgerkunde, Deutsch und Geographie, ja selbst Rechen- und Zeichenunterricht, nicht vergessen werden dürfen. Die Geschichte bietet eine Fülle von Stoff, z. B. über das Thema „Ansteckende Krankheiten" oder über Rassenhygiene, im Rechenunterricht werden durch Aufgaben aus der Volkswirtschaft [z. B. Herstellung alkoholischer Getränke und Ernährung[1])] Beziehungen zum lebendigen Leben geknüpft, Entwerfen von graphischen Darstellungen u. dgl. bringt dem Schüler den Sinn von Statistiken näher usw. (s. z. B. 119).

Die biologische Richtung des naturwissenschaftlichen Unterrichts, die an die Stelle toten Beschreibens und Klassifizierens möglichst eigene Beobachtung treten und den Forschungstrieb walten läßt, kommt den Bedürfnissen des hygienischen Unterrichts wiederum sehr entgegen. Beobachtungen über die Wirkungen äußerer Einflüsse (Wärme, Licht, Feuchtigkeit, Standort) auf Wachstum und Gedeihen von Pflanzen, über zweckmäßige Regulierungs- und Anpassungsvorrichtungen bei wechselnden äußeren Bedingungen, über Zusammenhänge von Organtätigkeit und Organentwicklung (Einfluß der Übung) bilden die Grundlage für den physiologischen Teil der Gesundheitslehre. Auch in Physik und Chemie finden sich zahlreiche Anknüpfungspunkte, um die Einrichtungen des Körpers verständlich zu machen: in der Optik, Akustik. Wärmelehre, Mechanik werden Bau und Pflege der Sinnesorgane, der Stoffwechsel, die Bewegungsorgane behandelt, in der Chemie die Fragen der Ernährung und Verdauung. Je enger der Zusammenhang dieser Teilgebiete untereinander betont wird (vgl. dazu die Verordnung des Preußischen Kultusministeriums für die höheren Schulen vom 19. III. 1918), und je mehr die Beziehungen zum Menschen hervorgehoben werden, desto mehr wird auch die Gesundheitspflege zu ihrem Recht kommen.

[1]) Ausgezeichnet in dieser Beziehung ist z. B. das in *Chemnitz* eingeführte Rechenbuch (91).

Der eigentlichen *Menschenkunde* ist in den höheren Schulen nur ungenügender Platz eingeräumt, vor allem fehlt meist eine Wiederholung in den oberen Klassen. In der Volksschule steht es damit besser, doch würde es nichts schaden, wenn die Menschenkunde schon auf einer früheren Stufe begänne, z. B. auf Kosten der Zoologie. Der menschliche Körper ist doch nicht schwerer verständlich als der eines Säugetieres, ganz abgesehen von dem größeren Interesse des Kindes für sich selbst.

Auch in der Menschenkunde ist die Beobachtung am eigenen und am fremden Körper[1]) in den Vordergrund zu stellen.

So läßt der Lehrer den Brustumfang bei Ein- und Ausatmung durch ein selbstgebautes Spirometer messen, die Zahl der Atemzüge wird gezählt, der Luftverbrauch je Stunde und Tag berechnet. Durch Handauflegen auf Brust und Bauch stellt der Schüler selbst die Bewegungen bei der Atmung fest. Im Werkunterricht wird an Modellen die Mechanik des Brustkorbes und des Zwerchfells, des Kehlkopfes, des Blutkreislaufes u. a. m. dargestellt, Knochen werden modelliert usw.

Als Antwort auf die schon erwähnte Rundfrage des Sächsischen Landesausschusses für hygienische Volksbelehrung (s. S. 17) gibt Dr. J. Behr (Seminar Leipzig-Connewitz) anregende Beispiele des „schaffenden Lernens", wie sie besonders im Rahmen der höheren Schulen in Betracht kommen: Anschauung am nackten Körper zur Beobachtung der Atmung und der Herzschläge, der Biegungen der Wirbelsäule (Skoliose!), der Lage von Gefäßen, Muskeln usw., Abplattung des Fußgewölbes bei Belastung (Plattfuß), Veränderung des Fußes in engem Schuhwerk, Haltung von Bein, Becken und Wirbelsäule bei zu hohem Absatz, Einfluß des Schnürens, Atmungsbehinderung bei „Hüften fest", Einwirkung einfacher Übungen auf Atmung und Pulsschlag. Ferner Verdauungsversuche (Speichel, Magensaft, Bauchspeichel), Herstellung mikroskopischer Präparate von Mundbakterien (besonders bei Zahnfäule), Veränderung der Blutfarbe bei Durchleitung von Sauerstoff, Kohlensäure und Kohlenoxyd usw.[2]).

Diese Beispiele, die sich beliebig vermehren lassen [vgl. z. B. auch Lorentz (123), Niemann (131), Schneider (230), Seyfert (234) und Teuscher (156)], zeigen am besten die Richtung, in der sich der menschenkundliche Unterricht bewegen muß: nicht totes Beschreiben und Zergliedern des Körpers in seine einzelnen Teile, denen allzuoft das geistige Band fehlt, nicht Einpauken inhaltsloser Namen und Zahlen, sondern Verständnis des Baues von der Funktion her („Funktionelle Anatomie" nach Braus), Zusammenfassung der doch nur theoretisch trennbaren Organsysteme zu immer größeren Gebieten und Nutzbarmachung unter dem übergeordneten Gedanken der Hygiene[3]).

---

[1]) Vergleichende Beobachtungen am Tier helfen das Bild des Körperinnern, das alle künstlichen Anschauungsmittel nur unvollständig zeigen können, ergänzen. Schon im Schulmethodus Herzog Ernst des Frommen von 1642 heißt es: „Die Lehrer haben dafür Sorge zu tragen, daß die Schüler durch den Anblick des geschlachteten Schweines oder anderen Tieres eine Vorstellung von den im Unterricht genannten Stücken des menschlichen Leibes erlangen." Vorbildlich in einer solchen vergleichend-anatomischen Betrachtungsweise ist Kienitz-Gerloff (113). Notwendig ist aber gerade hier eine Betrachtung mehr von der Seite der Funktion als der Morphologie her.

[2]) Um den Lehrer zu diesem Unterricht zu befähigen, hält Behr Kurse für wünschenswert, die umfassen: Einführung in die biologische Arbeitsweise (Anfertigung einfacher bakteriologischer Präparate), Herstellung einfacher Apparate und Modelle in verschiedenen Techniken (mit Einstellung auf das Behelfsmäßige, Billige und Zeitsparende), Biochemie des Haushalts.

[3]) Anregungen dazu bieten auch K. A. Lingner in seinem bereits erwähnten Berner Vortrag „Der Mensch als Organisationsvorbild" (42) und v. Engelhardt in seinem gedankenreichen Führer durch die Ausstellung „Der Mensch" des Deutschen Hygiene-Museums (346).

Die beste Ergänzung dieses Unterrichts oder richtiger seine unentbehrliche Grundlage wird durch eine vernünftig geleitete *Körperpflege* gegeben. Zwar sind wir von der Forderung noch weit entfernt, die gelegentlich der schon mehrfach angeführten Rundfrage des Sächsischen Landesausschusses für hygienische Volksbelehrung von einer Fortbildungsschule aufgestellt wurde, daß nämlich im ganzen Lande die Schüler von den Lehrern zu täglichen Ganzwaschungen am Morgen angehalten werden sollten, weil dadurch Gesundheit und Schulleistungen der Kinder deutlich gehoben würden, geschweige denn, daß der Geist des alten griechischen Gymnasion aus seinem literarischen Dasein in der Schule schon zu frischem Leben erwacht wäre.

Die *Unterbewertung der körperlichen Erziehung gegenüber der geistigen* ist ein Krebsschaden unseres Bildungswesens, der auch der Erziehung zu hygienischer Lebensführung im Wege steht. Wo soll der Sinn dafür herkommen, wenn z. B. auf dem Land vielfach heute noch der Turnunterricht (wenigstens im Winter) aus Mangel an geeigneten Räumen ganz ausfällt! Von der täglichen Turnstunde sind wir aber auch sonst noch weit entfernt.

Immerhin läßt sich auch heute schon mehr tun, als oft getan wird. Wenn wir von den Schulbädern absehen, die leider heute noch *sehr* selten anzutreffen sind, ist eben der Turnunterricht, der glücklicherweise allmählich wieder in die lange vergessenen Bahnen Jahns und Guths-Muths einlenkt und dem auch das Wandern mit zuzurechnen ist, hierzu der gegebene Rahmen. Hier kann der Schüler an sich selbst erleben, in welch engen Wechselbeziehungen der Körper zur Umwelt steht, wie durch Übung nicht nur die Entwicklung der Muskulatur, sondern auch die der Atmungsorgane und Kreislauforgane, ja das Wachstum des ganzen Körpers beeinflußt werden kann, wie Ermüdung, Überanstrengung und Ruhe auf ihn wirken. Für Anregungen in dieser Richtung sind gerade auch die vollkräftigen Kinder empfänglich, über deren mangelhafte Anteilnahme an hygienischen Fragen mitunter geklagt wird. Das Vorbild des Lehrers in körperlicher Ausdauer und Selbstbeherrschung ist dazu freilich notwendiger als irgendwo anders, wenn die Willensbildung nicht zu kurz kommen und das Turnen, wie es bisher die Regel war, als losgelöstes Glied neben der übrigen Erziehung stehen soll.

An höheren Schulen kann der Turnlehrer einen wesentlichen Teil des Gesundheitsunterrichts mit übernehmen[1]). Allerdings ist ausreichende Vorbildung nicht nur in Menschenkunde und vielleicht noch in Erster Hilfe, sondern in der gesamten Hygiene unerläßliche Bedingung. Denn so vielseitig die Menschenkunde dem Gesundheitsunterricht dienstbar gemacht werden kann, so kommen doch die Fragen, die in den Bereich der sozialen und der Rassenhygiene fallen und die dem älteren Schüler unbedingt nahegebracht werden müssen, z. B. Wohnung und Siedlung, Seuchenbekämpfung, Alkoholfrage, Vererbung, Bevölkerungspolitik usw., nicht zu ihrem Recht. Auch aus diesem Grunde ist die Forderung nach einem *besonderen planmäßigen Unterricht in den letzten ein oder zwei Jahren der Volksschule* (in entsprechendem Umfang auch an den höheren Schulen), in dem das schon erworbene Wissen systematisch zusammengefaßt und vertieft wird, dringend zu unterstützen.

Zur Behandlung in der *Fortbildungsschule* eignen sich in erster Linie die Stoffe, die in enger Beziehung zum praktischen und Berufsleben stehen, wie Arbeits- und Berufskunde bzw. allgemeine Lebenskunde. Durch praktische Übungen, Besichtigen einschlägiger Anstalten usw. läßt sich, für Knaben und Mädchen natürlich in verschiedener Weise, auch hier der Unterricht lebendig

[1]) Ein glückliches Beispiel für die Verbindung von Sport- und Hygieneunterricht in einer Heilstätte gibt WACHTER (161).

und anschaulich gestalten. Beispielsweise sind Koch- und Haushaltungslehre und Säuglingspflege heute fast überall in irgendeiner Form eingeführt. Sie stellen eine Art von eiserner Ration an hygienischem Wissen dar, die jeder künftigen Hausfrau und Mutter mit auf den Weg gegeben werden muß.

Das unverrückbare Ziel muß aber ein *allgemeiner Hygieneunterricht* bleiben, in den alle diese Teilgebiete eingegliedert werden. Sonderveranstaltungen, wie z. B. die in Stettin schon mehrmals durchgeführten Tuberkulosewochen in den Schulen [BRAEUNING (86)] oder die zuerst wohl in Dresden geübte planmäßige Besprechung der Tuberkulose in allen Schulen mit anschließenden Schulaufsätzen (nach BESCHORNER), bleiben immer Stückwerk, wenn auch die Dringlichkeit der Frage und der Erfolg für sie in die Wagschale geworfen werden können. Neben der Säuglingspflege und Tuberkulose gestatten noch am ehesten die sexuelle und die Alkoholfrage, Erste Hilfe und Krankenpflege eine selbständige Behandlung, und hier läßt sich auch am ehesten die Zuziehung von außerhalb der Schule stehenden Lehrkräften selbst in Form des *Wanderunterrichts* rechtfertigen. An sich bestehen gegen diesen berechtigte Bedenken, weil er die Einheitlichkeit des Erziehungsplanes durchbricht und weil sich die Lehrer dabei nur allzu leicht der eigenen Verantwortung enthoben fühlen. Auf der anderen Seite bietet er den Vorteil, daß keine Erhöhung der Stundenzahl einzutreten braucht, und daß die Wanderlehrer auch in besonderen Vorträgen für die Fortbildung der Lehrerschaft sorgen können. So hat der Hannoversche Provinzialverein zur Bekämpfung der Tuberkulose durch den Töchterschullehrer SEEBAUM [siehe DOHRN (12, 300)], die Zentralstelle für Nüchternheitsunterricht (Bielefeld, Roonstraße 5) durch eine ganze Reihe von Lehrern und Lehrerinnen in Baden, Hannover, Sachsen, Schlesien, Ostpreußen usw. Hunderte von Vorträgen über die Alkoholfrage vor Schülern und Lehrern, der Kreis Herford (328) ebenfalls durch einen Lehrer Vorträge auch über allgemeine hygienische Fragen halten lassen. In der Rheinprovinz ist der Wanderunterricht in Säuglingspflege zuerst planmäßig durchgeführt worden, und bei den Säuglingsausstellungen des Deutschen Hygiene-Museums, des Kaiserin-Auguste-Viktoria-Hauses usw. haben gut ausgebildete Schwestern für Tausende von Volks- und Fortbildungsschülern und Müttern Lehrgänge abgehalten.

Der Schularzt bzw. die Schulärztin als ständiger Berater der Schule ist an erster Stelle berufen, für Ergänzung des Unterrichts zu sorgen. Vorträge über die sexuelle Frage und Geschlechtskrankheiten vor älteren Schülern, z. B. vor Abiturienten, sind schon seit Jahrzehnten üblich, wenn auch dabei nicht immer die psychologischen Voraussetzungen richtig eingeschätzt worden sind und von einem einzelnen Vortrag an sich nicht allzuviel erwartet werden darf. Für die Erfordernisse der weiblichen Gesundheitspflege ist die Schulärztin die gegebene Vermittlerin[1]). Wenn die Lehrer zu den schulärztlichen Untersuchungen zugezogen und häufigere Aussprachen mit ihnen gepflogen werden, kann der Schularzt viel zur Hebung des hygienischen Verständnisses und zur Verbesserung des Unterrichts beitragen. Seine Aufgabe ist es, auch in erster Linie schulhygienische Forderungen zu verfechten und durchzusetzen. Die Hygiene des Schulhauses (Abortanlagen, Reinigung, Heizung) steht besonders auf dem Lande, aus Geldmangel aber vielfach auch in der Stadt, nicht auf der notwendigen und erreichbaren Höhe, und durch diesen Widerspruch zwischen theoretischen Forderungen und Wirklichkeit kann auch der beste Unterricht seiner Wirkung beraubt werden.

---

[1]) Da den Lehrerinnen, soweit sie nicht selbst Familie haben, heute noch größtenteils die erforderliche Vorbildung und Erfahrung fehlt, werden vielfach mit Vorteil Kreisfürsorgerinnen bzw. Bezirkspflegerinnen und andere geeignete Persönlichkeiten (Mütter!) herangezogen. Der Unterricht gewinnt dadurch unstreitig an Lebenswärme und Wahrheit.

Es kommt aber freilich auch vor, daß an sich vollwertige Einrichtungen ihre Wirkung verfehlen, weil sie aus Mangel an Verständnis seitens der Lehrer nicht ausgenutzt werden. Daß hierher auch eine vernünftige Unterrichtshygiene gehört, die den physiologischen Grundtatsachen der Arbeitskunde (Leistung, Ermüdung, Erholung) Rechnung trägt, bedarf keiner besonderen Betonung.

Alle Bemühungen der Schule bleiben mangelhaft, wenn nicht auch die Elternschaft von ihnen mit erfaßt wird. Oft genug werden die Erfolge in der Schule durch mangelndes Verständnis im Elternhause durchkreuzt, oft genug wird aber auch das Kind zum hygienischen Gewissen und Erzieher der Eltern. Jede Gelegenheit, an erster Stelle die *Elternabende*, ist daher vom Schularzt und Lehrer zur Aufklärung zu benützen. Die Fragen der Körperpflege, der Lebensführung außerhalb der Schule und besonders die Sorge für ausreichenden Schlaf, Verhütung von schädlichen Vergnügungen (Alkohol) und von Arbeitsüberlastung, nicht zuletzt auch die Fragen der sexuellen Erziehung, werden hier an erster Stelle stehen. Geeignete Drucksachen, in die Hand der Eltern gegeben, helfen manchen Widerstand beseitigen. Nachahmung verdient das Beispiel einer Dresdner höheren Schule, die in ihre „Elternbücherei" besonders auch hygienische Schriften aufgenommen hat. Der Lehrer übersendet bestimmten Eltern Bücher mit der Bitte, ihm eine Meinungsäußerung über den Inhalt zukommen zu lassen, und vermag damit einen gelinden Druck auf sie auszuüben.

Freilich lassen sich solche Einrichtungen heute nur an den wenigsten Stellen neu aufbauen, wie überhaupt die Frage der *Unterrichts- und Anschauungsmittel* unter den gegenwärtigen Verhältnissen kaum lösbar erscheint. Besonders auf dem Lande ist der Mangel an solchen Hilfsmitteln vielfach ein absoluter. Die Arbeitsschule kann diese Lücke durch Selbstanfertigung nur zu einem kleinen Teil ausfüllen[1]).

Am wenigsten Gewicht wird von der Lehrerschaft offenbar auf Belehrung durch das *Lesebuch* gelegt, das seine zentrale Stellung im Unterricht sichtlich eingebüßt hat. Trotzdem sind unmittelbar belehrende oder in Erzählungsform gehaltene Aufsätze, dem Kind in die Hand gegeben, ein wertvolles Hilfsmittel. Zum ersten Male, soweit bekannt, hat Eberhard von Rochow in seinem „Versuch eines Schulbuches für Kinder der Landleute" im Jahre 1772 einen Abschnitt „Von den Mitteln, die Gesundheit zu erhalten" gebracht. In neuerer Zeit sind besonders die durch Preisausschreiben des Niederrheinischen Vereins für öffentliche Gesundheitspflege (84) und des Vereins zur Bekämpfung der Schwindsucht in Chemnitz gewonnenen Aufsätze von Thiele u. a. bekannt geworden.

Um den hygienischen Schulunterricht zu fördern, hat K. A. Lingner testamentarisch bestimmt, daß aus den Mitteln der Lingner-Stiftung jährlich *Preisausschreiben* an allen Schulen Sachsens für den besten hygienischen Aufsatz erlassen werden sollen (11). In den Jahren 1920—1922 haben unter Mitwirkung zahlreicher Fachmänner solche Preisausschreiben stattgefunden, und zwar wurden für die einzelnen Schulgattungen verschiedene Themen gestellt; als Preise wurden Bücher, Sportgegenstände usw. ausgesetzt. Die Betätigung war anfangs sehr rege (1920 = 1166 Bewerber), nahm aber aus nicht recht ersichtlichen Gründen dann rasch ab (1922 = 190). Von weiteren Ausschreiben wurde daher Abstand genommen, obwohl die rege Beteiligung gerade auch von Volks- und Berufsschülern und der sichtlich günstig wirkende Anreiz zur Beschäftigung mit gesundheitlichen Fragen die Fortsetzung wünschenswert erscheinen ließen.[2])

[1]) Über Anschauungsmittel s. S. 44. Bücher für die Hand des Lehrers s. Literatur „Wort, Schrift und Bild".

[2]) Über hygienischen Schulunterricht im Ausland s. S. 66ff., insbesondere Italien (S. 69) und Vereinigte Staaten (S. 75).

6. Erwachsenenunterricht in Gesundheitspflege.

Auch neben dem besten Schulunterricht wird die Belehrung Erwachsener über gesundheitliche Fragen stets unentbehrlich sein, und ebenso wie der Schulunterricht kann sie nur im Zusammenhang mit den allgemeinen Bildungsbestrebungen recht gewürdigt werden. Der Stand der Gesundheitspflege hängt mit dem der Volksbildung eng zusammen. Mit Hebung der Bildung wächst nicht nur das Verständnis für hygienische Forderungen, sondern auch das Bedürfnis nach gesundheitsgemäßer Lebensführung.

Im letzten Jahrhundert hat trotz der Ausgestaltung des Unterrichtswesens die Volksbildung mit der Wissenschaft nicht Schritt halten können. Zum Teil lag dies, wie eingangs ausgeführt, an der Forschungsrichtung und inneren Haltung der Wissenschaft, zum Teil auch an dem bescheidenen Umfang dessen, was die Volksschule in den wenigen Unterrichtsjahren bieten konnte. Vor allem fehlte es aber an Einrichtungen, die dem einfachen Mann jenseits der Volksschule die Teilnahme an den Kultur- und Bildungsgütern ermöglichten. Der Bildungshunger weiter Kreise blieb ungesättigt, und der Bildungsgegensatz, der sich daraus ergab, hat nicht wenig zur Aufladung der sozialen Spannung beigetragen, unter deren Auswirkungen wir heute stehen. Solange diese Kluft nicht überbrückt ist, muß auch eine Verallgemeinerung hygienischer Kultur ein unerfüllter Wunsch bleiben.

An Versuchen, Brücken zwischen Wissenschaft und Volk zu schlagen, hat es in den letzten Jahrzehnten nicht gefehlt, und was damit erreicht worden ist, beansprucht nach Form und Inhalt für die vorliegende Frage besondere Beachtung. Wie in der öffentlichen Gesundheitspflege hat auch hier zuerst das Beispiel *Englands* die Richtung angegeben, und zwar geschah dies in Gestalt der „Universitätsausdehnungsbewegung" („University Extension Movement"), die Anfang der 70er Jahre von den Universitäten Oxford und Cambridge ihren Ausgang nahm. *Wissen zu übermitteln,* war der Leitgedanke dieser großartigen Bewegung, die, von vorbildlichem sozialen Geist getragen und so gut wie ganz aus privaten Mitteln unterhalten, im öffentlichen Leben Englands eine große Rolle gespielt hat. Um das Wissen möglichst zu vertiefen, bevorzugte man Lehrgänge an Stelle vereinzelter Vorträge und nahm auch Büchereien mit zu Hilfe. Durch Schlußprüfungen mit schriftlichen Arbeiten suchte man die Hörer zur Mitarbeit anzuregen. Die Bewegung, die von Anfang an auch die Gesundheitspflege mit berücksichtigte, und die mit ihr eng verbundene Büchereibewegung hat von ihrem Ursprungsland England aus vor allem in Amerika weite Verbreitung gefunden. Ihre Grenzen sind ebenso offenkundig wie ihre Vorzüge. Ihre Träger waren mehr oder weniger ausschließlich Universitätslehrer, daher war sie im wesentlichen auf die Stadt beschränkt, und auch hier kam sie, nicht grundsätzlich, aber tatsächlich, in erster Linie dem Mittelstand zugute. Da sie nur Wissen vermitteln sollte, fehlte ihr die Vertiefung zu einer wirklichen Bildungseinrichtung, deshalb ist ihr auch in ihrem Ursprungsland eine dauernde Wirkung versagt geblieben.

Auf Deutschland übertragen, hat die Universitätsausdehnungsbewegung auch rein äußerlich genommen weniger geleistet als in England. Die für die deutsche Hochschule bezeichnende Verfachlichung des Wissens erschwerte ihr von vornherein die Ausdehnung auf Laienkreise weit mehr, auch fehlte der Bewegung durch die schroffen Klassengegensätze der soziale Grundton, der sie in England auszeichnete. Darum haben die „Handwerker- und Arbeiterbildungsvereine", die „Humboldt-Akademie" (gegründet 1878), die „Gesellschaft für Verbreitung von Volksbildung" (später „Gesellschaft für Volksbildung", gegründet 1871) und wie diese Einrichtungen sonst hießen, ihren Teilnehmern nicht viel mehr als *zusammenhangloses Einzelwissen* zu geben vermocht. *Bildung* konnten sie nicht geben, vielmehr mußte ihre Arbeitsweise die mit jeder unzweckmäßigen Popularisierung verbundene Gefahr der Halbbildung heraufbeschwören.

Der breiten Masse der Bevölkerung, die ihrer am meisten bedurfte, kam die Belehrung nur zum Teil zugute. So wies die Humboldt-Akademie 1895/96 unter 2500 Hörern nur 2,6% Handarbeiter auf. Land und Kleinstadt blieben auch von dieser Bewegung im wesentlichen unberührt. Für die Hygiene war in diesem Rahmen nicht viel zu gewinnen, denn wenn sie auch überall in Vorträgen behandelt wurde, so fehlte doch bei der herrschenden Forschungsrichtung dem Hörer die innere Beziehung zum Stoff und die Möglichkeit mitzuarbeiten.

Ganz andere Wege haben die nordischen Staaten mit ihren *Volkshochschulen* eingeschlagen. Diese, zuerst in Dänemark von GRUNDTVIG (1844) und KOLD (1850) begründet, sind zur Bildung der *ländlichen Bevölkerung* bestimmt und vereinigen im Winter junge Männer, zum Teil im Sommer auch Frauen, für mehrere Monate zu engem Zusammenleben. Neben allerhand praktischem Wissen werden allgemeinere Fragen der Welt- und Lebensanschauung behandelt, und auch die Gesundheitspflege kommt nicht zu kurz, z. B. wird täglich Gymnastik geübt. Da die Volkshochschulen einen großen Teil der Bevölkerung erfassen — 1897 zählte man z. B. in Dänemark 68 Schulen mit 6000 Hörern, dazu etwa 82 000 frühere Schüler und 40 000 Schülerinnen — und da die besten Lehrkräfte gerade für gut genug für sie gehalten werden, ist der Bildungsstand in den nordischen Staaten ein durchschnittlich sehr hoher. Diesem ist es auch zu danken, daß neben einer fortschrittlichen alkoholgegnerischen Gesetzgebung auch Gesetze eingeführt werden konnten, die an die Einsicht der Bevölkerung so große Anforderungen stellen, wie das zur Bekämpfung der Geschlechtskrankheiten in Schweden.

Auch diese Bewegung hat sich auf Deutschland wegen seiner grundverschiedenen sozialen Struktur nicht unmittelbar übertragen lassen. Vor allem fehlt die für die nordischen Länder bezeichnende gleichmäßige Verbreitung des selbständigen Kleinbauerntums, während die Massen der Industriebevölkerung in den Vordergrund treten. Die deutsche Volkshochschule hat sich daher in ganz anderer Richtung entwickelt, und wo sie, wie z. B. in Dreißigacker in Thüringen, in neuester Zeit auch Volkshochschulheime hervorgebracht hat, sind diese in erster Linie für die Industriebevölkerung bestimmt.

Die heutige deutsche Volkshochschule lehnt bewußt die Zielsetzung der Universitätsausdehnungsbewegung ab. Ihr Ziel ist in erster Linie, den Volkskreisen, denen keine andere Bildungsmöglichkeit als die Volksschule zur Verfügung steht, also besonders der großen Masse der werktätigen Bevölkerung, dauernde Teilnahme an den Bildungswerten der Wissenschaft und Kunst zu ermöglichen. Damit verfolgt sie grundsätzlich ein anderes Ziel als die der Forschung und der Fachschulung dienende Universität.

Zudem berücksichtigt diese nur ganz nebensächlich die Charakter- und Willensbildung [MAX SCHELER (163)], die in der Volkshochschule um so mehr in den Vordergrund treten muß, je stärkeren Anteil die Jugendbewegung an ihr nimmt. Nicht Fortbildung des *Wissens* kann ihre Aufgabe sein, sondern Fortbildung des *Menschen*. Darum kommt es ihr weniger auf erschöpfende Vollständigkeit als auf intensives Eindringen in die Tiefe, weniger auf „Denkresultate" als auf „Denkmethode" an.

Was nun inner- und außerhalb von Volkshochschulen an hygienischen Vorlesungen geboten wird, entspricht nach Inhalt und Form nur zum kleinen Teil strengeren pädagogischen Anforderungen[1]). Meist stehen die *Medizin*, nicht die *Hygiene*, die Erscheinungen der verschiedensten Krankheiten, nicht die Pflege der Gesundheit im Vordergrund. Die Gefahren des Halbwissens, der Ausartung der Aussprache zu ärztlichen Sprechstunden, liegen dabei nur zu nahe. Überdies wird der Stoff häufig so konzentriert dargeboten, daß er für den Laien unverdaulich bleibt. Der „Vollständigkeitswahn" [HODANN (32)] vieler Vortragenden erschwert es dem Hörer, das für ihn Wesentliche herauszuholen. Was ihm an medizinischem Wissen gegeben werden muß, ist nur so viel, daß er Verständnis für die Arbeit und die Leistungsmöglichkeiten des Arztes gewinnt [HEYER (109)].

Im übrigen muß der Stoff organisch an das vorhandene Wissen anknüpfen und mit dem Erfahrungskreis oder der Weltanschauung des Hörers irgendwie in Beziehung stehen oder gebracht werden. Bei Industriearbeitern sind z. B. Voraussetzungen gegeben, die von denen der Bauern himmelweit verschieden sind, und darauf muß sich der Vortragende in der Wahl des Gegenstandes und der Behandlung einstellen. Das bedeutet weitgehendes Individualisieren und behutsames Anknüpfen an die gegebenen Voraussetzungen.

Der geschlossene Vortrag reicht dazu nicht aus, der Zwiesprache zwischen Lehrer und Hörer ist mindestens zum Schluß Raum zu geben, wenn nicht die besondere pädagogische Befähigung dem Lehrer gestattet, die ganze Belehrung in Form einer gegenseitigen Aussprache zu halten. Große Zuhörerscharen eignen sich dazu nicht, auch ist häufigeres Zusammenkommen Voraussetzung für tiefer eindringende Arbeit und wird bei richtiger Führung auch bald zum Bedürfnis. Deshalb ist die Form von *Arbeitsgemeinschaften* mit höchstens 30 Teilnehmern dem heute noch vorherrschenden System von Einzelvorträgen vor einem größeren Zuhörerkreis vorzuziehen. Freilich ist es nicht leicht, die Teilnehmer zu regelmäßigem Besuch anzuhalten. Praktische Arbeit, Verbindung mit unterhaltenden Veranstaltungen, Darbietungen historischer, ethnographischer und künstlerischer Art können hierzu als Hilfsmittel herangezogen werden. Die große Masse ist durch diese Arbeit allerdings nicht so schnell für den Gedanken der Hygiene zu gewinnen, die Erfolge reifen langsamer, aber sicherer. Vorläufig ist noch nicht einmal innerhalb der Volkshochschulbewegung der Bildungswert der Gesundheitspflege allgemein anerkannt. Selbst führende Köpfe, wie EDUARD WEITSCH (162), rechnen unter die Stoffe, denen besonderer Bildungswert zuzuerkennen ist, die Gesundheitslehre noch nicht mit ein.

Aus statistischen Feststellungen von Volksbildungseinrichtungen sind lehrreiche Einzelheiten über den Anteil der Gesundheitspflege zu entnehmen. Die Wiener volkstümlichen Universitätskurse, eine der ersten Einrichtungen dieser Art auf dem Festlande, haben von

Tabelle 1. *Teilnahme an den Fachgruppen.*

	Gesamtzahl = 100		Davon mit Volksschulbildung	
	männlich	weiblich	männlich	weiblich
Philosophie, Religion	57,05	42,95	32,33	36,21
Naturwissenschaften, Geographie	75,23	24,77	48,45	19,97
Volkswirtschaft, Sozialwissenschaften	85,81	14,19	62,10	9,71
Geschichte	65,77	34,23	55,50	20,74
Lebensgestaltung, Gesundheitspflege	42,57	57,43	35,84	38,25
Kunst, Literatur, Musik	45,05	54,95	30,93	39,19
Elementarfächer, Mathematik usw.	81,08	18,92	61,76	18,08
Berufsbildung	78,82	21,17	47,16	19,88

[1]) Das „Fiasko" vieler Volkshochschulen, von dem W. GORN (104) spricht, beruht zum größten Teil auf pädagogischen und organisatorischen Mängeln. Auf anderen Gebieten, z. B. den Geisteswissenschaften, wird über solche Mißerfolge bezeichnenderweise weniger geklagt.

1895/96—1907/08 jährlich durchschnittlich 73,3 Kurse mit 8455,2 Hörern veranstaltet, die durchschnittliche Hörerzahl betrug also 115,3. Im Jahre 1907/08 fanden Hörer: ein Kursus über Berufskrankheiten und Arbeiterschutz 19, über Hygiene des Frauenlebens 171, über Chemie der Verdauung und Ernährung 114, über allgemeine Anatomie 108, über Geschlechtskrankheiten 115. Die Teilnahme an medizinisch-hygienischen Vorträgen bewegt sich also meist in der Höhe des Durchschnitts, was auch mit anderweitigen Erfahrungen übereinstimmt. Die Beteiligung der einzelnen Berufsstände und der Geschlechter geht aus dem Bericht der Sächsischen Landesstelle für freies Volksbildungswesen über das Jahr 1921/22 (335) hervor.

Tabelle 2.
Zusammensetzung der Teilnehmer an Vorlesungen über Gesundheitspflege und Lebensgestaltung. Nach Prozenten.

	Männlich	Weiblich	Zusammen
Arbeiter und Handwerkergehilfen	17,63	5,61	23,24
Kaufmännische und technische Angestellte	10,78	8,19	18,97
Beamte außerhalb der akademischen Berufe	3,74	7,57	11,31
Beamte mit akademischer Vorbildung, Lehrer, höhere Schüler	5,88	1,60	7,48
Selbständige Gewerbetreibende und gewerbliche Angestellte in leit. Stellung	2,85	2,49	5,34
Hausfrauen und Haustöchter, ohne besondere Erwerbstätigkeit	—	30,01	30,01
Ohne Berufsangabe	1,69	1,96	3,65
Gesamtzahl der Belegungen	42,57	57,43	74,09
Nur Volksschulbildung hatten	35,84	38,25	74,09
Weitergehende Bildung ,,	9,57	16,34	25,91

Während also von den *Männern* Stoffe wie Volkswirtschaft und Naturwissenschaften bevorzugt werden, scheint den *Frauen* außer Kunst, Literatur und Musik die Gesundheitspflege am nächsten zu liegen. Die Beschäftigung in Haus und Familie läßt dieses Bedürfnis nach hygienischer Belehrung verständlich erscheinen. Aufgabe der Volkshochschule wird es sein, ihm durch geeignete Stoffwahl entgegenzukommen. Auffallend ist, daß die Frauen mit Volksschulbildung nur einen geringen Vorsprung vor den Männern aufweisen, während bei den Gebildeteren der Anteil der Frau an hygienischen Vorlesungen fast doppelt so groß ist als bei den Männern. Die Arbeiterfrau muß also stärker als bisher zu diesen Veranstaltungen herangeholt werden.

Das Verhältnis der Teilnehmer an hygienischen Kursen zur Gesamthörerschaft, aus dem erst die wirkliche Beteiligung abgelesen werden könnte, hängt an den einzelnen Volkshochschulen wesentlich von der Zahl der gebotenen Vorlesungen ab. Recht groß ist der Abstand zwischen Groß- und größeren Mittelstädten einerseits, kleineren Orten andererseits. In fast der Hälfte der sächsischen Volkshochschulen hatten im Jahr 1922/23[1]) überhaupt keine medizinisch-hygienischen Vorlesungen stattgefunden, in verschiedenen, auch größeren Städten waren es unter 15—17, ja 44 und 49 Lehrgängen und Einzelvorträgen nur je eine einzige[2]).

Nur etwa der vierte Teil der medizinisch-hygienischen Vorlesungen wurde von Nichtärzten gehalten. Bemerkenswert ist die starke Beteiligung an einer sichtlich mit Geschick abgehaltenen, je 6—10 Stunden umfassenden Vortragsreihe über Leibesübungen und Körperpflege, die Oberlehrer Sachsse in Chemnitz

---

[1]) Die folgenden Angaben verdanke ich der Landesstelle für freies Volksbildungswesen im Sächs. Unterrichtsministerium (Reg.-Rat Dr. Kaphahn).

[2]) Einzelvorträge außerhalb der Volkshochschule sind hier nicht berücksichtigt, doch geben diese Zahlen ein annähernd richtiges Bild, weil nach den Beobachtungen des Sächsischen Landesausschusses für hygienische Volksbelehrung die größte Zahl der *öffentlichen* Vorträge, da, wo Volkshochschulen vorhanden sind, von diesen veranstaltet wird. Die Verhältnisse auf dem Lande kommen darin allerdings nur zum kleinsten Teil zum Ausdruck, wie auch die, wenigstens in den Großstädten, sehr häufigen Vorträge in Vereinen und geschlossenen Gesellschaften außer Betracht bleiben.

in einem Jahre nicht weniger als 16 mal, darunter mehrmals gleichzeitig in 3—4 Parallelgruppen abhalten mußte. Daß unter den 621 Teilnehmern 374 Frauen und 247 Männer waren, verdient als Zeichen für das erwachende oder erweckbare Interesse der Frau an diesen Fragen besonders bemerkt zu werden. Dieser Teil der Bildungsarbeit bedarf noch sehr des Ausbaues. Gutes ist z. B. von den Kursen zu erwarten, die an verschiedenen Volkshochschulen (z. B. Leipzig, Dresden, Jena) hauptsächlich von Lehrerinnen der Lohelandschule gehalten wurden. Dem Menschen das verlorengegangene Körpergefühl wiederzugeben und zu pflegen, ihn von Hemmungen des Bewegungsablaufs, der Atmung usw. zu befreien, die dem Träger unbewußt das Lebensgefühl auf das empfindlichste beeinträchtigen, ist nicht nur ein Teil, sondern eine grundlegende Vorbedingung jeder auf den ganzen Menschen gerichteten Bildungsarbeit. Denn ohne die rechte Einstellung zum eigenen Körper ist es ausgeschlossen, die innere Sicherheit und die fest begründete Stellung zu Leben und Welt wiederzufinden, die unserem Volk infolge des Übermaßes lebenswidriger äußerer Einflüsse in den letzten Jahrzehnten verlorengegangen ist[1]).

7. Die Technik der hygienischen Volksbildungs- und Werbearbeit.

Hinter den Fragen des Schul- und Erwachsenenunterrichts stehen die Fragen nach den sonstigen Verbreitungswegen und nach den Hilfsmitteln der Belehrungsarbeit an Bedeutung nicht zurück. Soll der Unterricht im Volke den rechten Widerhall und die nötige Stütze finden, dann muß auch die erwachsene Bevölkerung mit allen nur möglichen Mitteln von der Notwendigkeit der Belehrung überzeugt, für den Gedanken der Gesundheitspflege *geworben* werden.

Die Aufgaben der Propagandatechnik, die es hier zu lösen gilt, sind nicht allein vom Standpunkt des Hygienikers, sondern auch von dem des Psychologen und des Pädagogen aus zu behandeln [SEIFFERT (63)]. Die *Propaganda* berührt sich in den Mitteln, die sie anwendet, vielfach eng mit der *Reklame*. Während wir aber unter dieser eine Werbung mit mehr oder weniger egoistischer Tendenz verstehen, trägt die Idee, der die Propaganda dient, gemeinnützigen, kulturellen oder sozialen Charakter. Sinn und Ziel der hygienischen Propaganda sehen wir mit A. ROHRBACH, der diese Begriffe in bezug auf die Hygiene als erster näher untersucht hat (54), darin, den einzelnen zu der ethisch höchststehenden Form der Gesundheitspflege hinzuführen: dem freiwilligen Handeln, der Rücksichtnahme des einzelnen auf alle und aller auf den einzelnen. Daß sich auf dem Weg zu diesem idealen Ziel *Werbung* und *Belehrung*[2]) die Hand reichen, und daß sie in der Praxis meist gar nicht voneinander zu trennen sind, bedarf keiner besonderen Erörterung. Es ist aber notwendig, auf diese *beiden* Elemente der hygienischen Volksbildungsarbeit hinzuweisen, weil sowohl das eine als das andere leicht einmal vergessen wird, und es erscheint fraglich, was der Bildungsarbeit abträglicher ist: trockenes Dozieren und kühle Sachlichkeit oder übertriebenes Rühren der Werbetrommel und oberflächlicher Betrieb (Reklame!).

Unter den allgemeinen Fragen, die hier an uns herantreten, sind die wichtigsten die nach der Wahl des Stoffes, nach dem Ort, dem Personenkreis, an den wir uns wenden, und nach der Deckung der Kosten.

---

[1]) Nicht unerwähnt darf hier der erzieherische Wert des Militärdienstes bleiben, der für die Einbürgerung hygienischer Gewohnheiten in der ganzen Welt Bedeutendes geleistet hat.

[2]) ROHRBACH betrachtet die Belehrung als einen Teil der Propaganda. Selbstverständlich ist in jeder Werbung auch ein Stück Belehrung enthalten, doch handelt es sich dabei um eine mehr oder weniger oberflächliche Vermittlung von Wissensstoff. Belehrung in dem Sinn aber, wie wir ihn verstanden wissen wollen, als *Volksbildung*, unter Propaganda rechnen, hieße den Dingen Gewalt und Unrecht antun.

Wahl des Stoffes. Nicht jeder Stoff ist gleich dankbar, und je unentwickelter das hygienische Empfinden der Bevölkerung ist, desto behutsamer ist die Wahl zu treffen. So liegen die *ansteckenden Krankheiten*, auch die Tuberkulose, dem Laien im allgemeinen ferner, als gerade von Ärzten meist angenommen wird. So einfach und folgerichtig und daher leicht faßlich dem wissenschaftlich Geschulten dieses Gebiet erscheint, so schwer ist es für den Mann aus dem Volke, dem allgemein-biologische und anatomisch-physiologische Vorkenntnisse fehlen, eine anschauliche Vorstellung von dem Krankheitserreger, dem Krankheitsvorgang usw. zu gewinnen. Auch pflegt die innere Beziehung zum Stoff zu fehlen, solange nicht ein Krankheitsfall in der unmittelbaren Umgebung oder die Häufung gleichartiger Erkrankungen die Aufmerksamkeit darauf lenken. Der Aufklärung selbst durch die Tuberkulosefürsorge sind daher verhältnismäßig enge Grenzen gezogen.

Anders z. B. in der *Säuglingspflege!* Das innere Verhältnis zu dem Gegenstand ist hier in denkbar lebendigster Form gegeben. Gelegenheit zu eigner Beobachtung bietet sich innerhalb und außerhalb der eigenen Familie und läßt sich zur Anbahnung auch allgemein hygienischen Verständnisses um so eher benutzen, als die große Empfindlichkeit des kindlichen Organismus, der feinere und raschere Ablauf von Reaktionen auf äußere Einflüsse die Beobachtung erleichtern. Die Säuglingspflege gestattet auch am leichtesten, den Weg einzuschlagen, den wir als so bedeutsam für die Jugenderziehung kennengelernt haben: Gewöhnung an richtiges Handeln, auch wo das Verständnis noch nicht reif ist. „Die Einstellung zu dem Problem ‚Mutter und Säugling' ist eine traditionelle, eine *Sitte*, die viel weniger durch persönliche Einsicht als durch die sog. öffentliche Meinung bestimmt wird. Das Angriffsziel der Aufklärungsarbeit ist deshalb die öffentliche Meinung. Es gilt, durch die öffentliche Meinung solche Sitten und Gebräuche zu erzwingen, die zwangsläufig zu dem angestrebten Endziel hinführen müssen" [JUCKER (37)][1]).

In den Fragen der *Sitte* und der *Sittlichkeit* liegt auch der Schwerpunkt in der *Alkoholfrage*. Zwar geht man ihr vielfach aus dem Wege, weil sie mit stimmungsmäßigen Vorurteilen belastet ist und weil der folgerichtige Verzicht auf Alkoholgenuß im gesellschaftlichen Leben gewisse Unbequemlichkeiten mit sich bringt, solange die für den Gebildeten eigentlich selbstverständliche Duldsamkeit in solchen Dingen noch nicht allgemeiner geworden ist. Gerade darin liegt aber ihr besonderer Vorzug für die Charakterbildung. Die Mehrzahl der sozial-hygienischen Fragen, z. B. die Wohnungsfrage, die Bekämpfung der Tuberkulose, gestatten dem einzelnen nur eine mittelbare theoretische Betätigung. Die eigentliche Lösung hängt hier von den wirtschaftlichen und sozialen Verhältnissen, von den gesetzgebenden Körperschaften usw. ab. In der Alkoholfrage ist es dagegen *jedem* möglich, durch das eigene Tun und Lassen das Übel an der Wurzel zu packen [M. VOGEL (75)]. Erfahrungsgemäß hilft alkoholfreie Lebensführung auch mehr Abstand von den sonstigen Aufgaben des Lebens zu gewinnen, den Blick für hygienische Mängel zu schärfen und die Erholungszeit zweckmäßiger anzuwenden. Alkoholgegnerische Organisationen, soweit sie sich nicht nur der Trinkerfürsorge widmen, sind deshalb oft auch Träger allgemeiner Lebensreform und reger Volksbildungsarbeit. Da die unmittelbare Behandlung der Alkoholfrage leicht auf Vorurteile stößt, empfiehlt sich das Verfahren von Oberlehrer W. ULBRICHT-Dresden (158), von der Ver-

---

[1]) Die Literatur über Unterricht in Säuglingspflege ist ungemein reichhaltig (s. z. B. 31, 59, 117). Ein auch hinsichtlich der Literaturangaben erschöpfendes Bild haben im Jahre 1915 PEIPER und GERCKE (134) sowie ROSENHAUPT (145) gegeben.

edelung des geselligen Lebens auszugehen, alte vergessene Formen geselliger Betätigung wieder aufzunehmen — wieder ein Weg, durch bessere Gewohnheiten dem bewußten Tun den Weg zu bereiten —; Lehrer und Erzieher einerseits, Frauen und Mütter andererseits sind für diese Aufgaben an erster Stelle zu gewinnen.

Was der Alkoholfrage noch besonderen Wert für die hygienische Pionierarbeit verleiht, die unausgesetzte Gegenwärtigkeit der Aufgabe und der Anschauungsunterricht durch das tägliche Leben, gilt auch für die Körperpflege, die Ernährung und andere Fragen, denen früher von der Ärzteschaft zu geringe Aufmerksamkeit zugewandt worden ist. Vom Ausland, insbesondere von den Vereinigten Staaten, hätten wir darin längst lernen können. — Die Möglichkeit *gemeinschaftlicher Betätigung* kommt insbesondere der Ausbreitung der Leibesübungen sehr zustatten, und an diese läßt sich die übrige persönliche Gesundheitspflege leicht anknüpfen.

In Verbindung mit praktischen Aufgaben dieser Art lassen sich auch am leichtesten die unentbehrlichen *anatomischen* und *physiologischen Grundlagen* vermitteln. Planmäßige Darstellungen des gesamten Körpers dagegen, die, wie es auch der Universitätsunterricht zu tun pflegt, mit den Knochen beginnen und mit den Sinnesorganen aufhören, muten dem Laien eine Belastung zu, der er in der Regel nicht gewachsen ist und die ihn daher eher abschreckt als anzieht. Nur wo die Nutzanwendung im Vordergrund steht, wird das Interesse auch an diesem Stoff lebendig. Allerdings kommt es auch sehr auf die Darstellungsweise an. Der an abstrakte Denkarbeit nicht gewöhnte Erwachsene will nicht anders als das Kind von seinem unmittelbaren Erfahrungskreis ausgehen. So ist sein Interesse vielmehr darauf gerichtet, zu erfahren, was unter der seinen Sinnen zugänglichen Körperoberfläche liegt, wovon die Körperformen bestimmt werden, also von außen nach innen vorzudringen, als den umgekehrten, an sich vielleicht logischeren Weg von innen nach außen zu gehen. Auch liegt es dem Laien weit näher, den Arm oder das Bein als funktionelle Einheit aufzufassen, als sich die Einzelbestandteile dieser Lebenseinheit aus den einzelnen Organsystemen zusammenzusuchen, und auch bei den inneren Organen ist ihm die *Tätigkeit* viel wichtiger als der *Bau*. Funktionelle Anatomie an Stelle der beschreibenden, wie sie BRAUS im Hochschulunterricht angebahnt hat, ist deshalb für die hygienische Volksbelehrungsarbeit das einzig Richtige. — Ähnliches gilt für die von vielen Ärzten als besonders wichtig betrachtete systematische Bekämpfung des Kurpfuschertums. Der Begriff der Kurpfuscherei ist für den Laien an sich viel zu abstrakt, als daß er viel für ihn übrig hätte. Wo es aber gelingt, aus dem Stoff zwanglos entsprechende Folgerungen herauswachsen zu lassen, wo also der positive Gegenpol der Kurpfuscherei, das richtige Tun, stärker als das Negative hervortritt, ist auch die Aufnahmebereitschaft ohne weiteres vorhanden.

Ein Stoff, der in den deutschsprechenden Ländern verhältnismäßig wenig behandelt wird, ist *geistige Hygiene* — nicht als ob das Interesse dafür im Volke fehlte, sondern wohl weil dieses Gebiet mehr Darstellungskunst erfordert, als sich der Arzt meist aus Mangel an Redeschulung zutraut. Gerade diese Fragen sind aber von durchschlagender Wichtigkeit, weniger im Hinblick auf die Psychiatrie, so wichtig auch das ist (53), als um einer *vernünftigen Arbeits-* und *Lebensweise* willen, wie sie uns von der neuzeitlichen Arbeitskunde [s. z. B. RIEDEL (223)], nahegelegt werden. Die romanischen und die englischsprechenden Länder sind uns in der Pflege geistiger Hygiene unstreitig voraus (s. S. 69, 78), sie würde unserem Volk unter den gegenwärtigen Verhältnissen mehr not tun als irgendeinem anderen.

Personenkreis und Ort sind für die Art des Vorgehens bestimmend. Überall in der hygienischen Volksbelehrung gilt der Satz, daß das Volk da aufgesucht werden muß, wo es sich aus eigenem Antrieb zur Unterhaltung oder Belehrung zusammenfindet. Am leichtesten sind Kreise von Hörern zur Mitarbeit zu gewinnen, bei denen gemeinsame Interessen, gleiche Lebensverhältnisse, gleiche Vorbildung auch eine gemeinsame Grundstimmung oder gleiche Aufnahmefähigkeit erwarten lassen. Selbst etwas schwierigere Fragen, wie die der Bevölkerungspolitik und Rassenhygiene, finden Verständnis, wenn sie an die richtigen Leute herangebracht werden [Bund der Kinderreichen (261)]. Elternabende, Berufs- und Standesvereine, Gewerkschaften, politische und wirtschaftliche Vereinigungen, die von Fürsorgestellen erfaßten Kreise der Bevölkerung, auch die Insassen von Krankenhäusern, Lungenheilstätten und Gefängnissen sind ein aufnahmebereiter Boden, wenn nur der Stoff entsprechend ausgewählt und gestaltet wird.

An Organisationen, die sich ausschließlich mit Gesundheitspflege beschäftigen, wie z. B. dem Deutschen Verein für Volkshygiene, beteiligt sich im allgemeinen nur, wer von vornherein für diese Fragen mehr Interesse hat, während die der Belehrung Bedürftigsten auch am gleichgültigsten zu sein pflegen. Aussichtsreicher sind dagegen Vereinigungen mit verwandten sozialen und kulturellen Zielen, z. B. Dürerbund, Heimatschutz, Bodenreform, und je mehr die betreffende Arbeit zur Selbsttätigkeit erzieht, wie die Alkoholfrage, desto eher sind auch in diesen Kreisen Mitarbeiter zu gewinnen.

Bevorzugter Pflege bedarf die Arbeit in der Kleinstadt und auf dem Lande. Im Gegensatz zur Überfütterung der Städter wird die Landbevölkerung meist stiefmütterlich behandelt, obwohl sie der hygienischen Belehrung besonders bedarf [Galli-Valerio (21)]. Freilich ist die Arbeit mühsamer und erfordert mehr Mittel und Kräfte, als heute zur Verfügung stehen; der engere Gesichtskreis verlangt eine größere Beschränkung im Stoff, das zähe Festhalten am Hergebrachten viel Takt und Kenntnis der Bauernseele; die Mangelhaftigkeit der Schulbildung und der Übung im Denken muß durch Anpassung an den Erfahrungskreis, an Sprache und Denkweise ausgeglichen werden [Kriechbaum (39—41)], kurz, die Anforderungen, die an die pädagogischen Fähigkeiten des Volkslehrers auf dem Lande gestellt werden müssen, sind noch größere als sonst. Erfolglos werden meist Versuche sein, von außen her, etwa durch Wanderlehrer, in die Landbevölkerung Belehrung hineinzutragen. Nur zu eingesessenen, bodenständigen Persönlichkeiten, zu dem Arzt, dem Lehrer, dem Pfarrer gewinnt der Bauer das nötige Vertrauen, ihr Beispiel ist im Guten wie im Schlechten für den Erfolg aller Bemühungen ausschlaggebend [Grassl (28)]. Besondere Bedeutung kommt hier den Vereinen für ländliche Wohlfahrtspflege zu, die sich zum Teil, so in Württemberg, auch schon planmäßig mit diesen Aufgaben beschäftigt haben.

Die größte Gefahr liegt in der Stadt nicht weniger als auf dem Lande in einem *Zuviel* des Gebotenen. Unleugbar hat der Krieg und seine Folgen eine gewisse Betriebsamkeit und Überorganisation in der Gesundheitsfürsorge und der hygienischen Belehrung gezeitigt. Nachhaltig wirkt aber gewöhnlich nicht, was äußerlich starken Eindruck macht, wie Massenveranstaltungen von Vorträgen und Filmvorführungen, sondern was sich im Stillen von kleinen Anfängen aus organisch weiterentwickelt. Weniger die technischen Mittel der Aufklärung sollen darum im Vordergrund stehen, als die Persönlichkeit dessen, dem geholfen werden soll, wie auch dessen, der helfen soll [Jucker (37)]. Auf diesem Wege läßt sich auch die Kostenfrage am leichtesten lösen. Je äußerlicher der Betrieb ist, desto teurer ist er gewöhnlich auch, die mehr in „die Tiefe wirkende Arbeit dagegen erfordert kaum Geld, nur guten Willen und einige Energie“ [Braeuning (86)].

Die Frage, ob die Nutznießer der Belehrung zu den *Kosten* beitragen sollen, ist nicht nur zu bejahen, weil heute der verarmte Staat die nötigen Mittel gar nicht aufbringen könnte, sondern auch aus sozial-pädagogischen Gründen. Je mehr durch den behördlichen Fürsorgeapparat die Kräfte und der Wille zur Selbsthilfe verkümmert sind, desto dringlicher ist nun die Weckung aktiver Kräfte und des Selbstverantwortungsgefühls. Das Volksbewußtsein muß von dem Gedanken durchdrungen werden, daß gewisse Aufwendungen für Gesundheitspflege ebenso zu den staatsbürgerlichen Pflichten gehören wie steuerliche und andere Leistungen. Außerdem liegt es in der Natur des Menschen, das höher zu bewerten, wozu er selbst irgendwie beigetragen hat. Über die unmittelbare Kostendeckung hinaus gelingt es sogar nicht allzu schwer, aus Eintrittsgeldern für Vorträge u. dgl. Mittel für anderweitige hygienische Arbeit zu sammeln [s. z. B. DIETRICH (298)].

Der Staat soll unter normalen Umständen bei der Einzelarbeit nur eingreifen, wenn alle anderen Mittel ernstlich versucht sind [JUCKER (37)]. Nur in Zeiten wirtschaftlicher Not und bei dringlichen Anlässen wird er öfter helfend einspringen müssen. Im übrigen werden die zentralen Geldmittel nie ausreichen, um auch nur den größeren Teil des Notwendigen zu leisten, und es ist nicht nur vom finanziellen, sondern auch vom erzieherischen Standpunkt aus (Selbsthilfe!) das Richtige, wenn die Mittel von möglichst vielen Seiten her zusammengebracht werden[1]. Die Aufgaben des Staates bezüglich der hygienischen Volksbelehrung liegen in der Hauptsache darin, daß er den großen Rahmen für die Arbeit schafft, die einschlägigen Fragen des Unterrichts und der Verwaltung zentral bearbeitet, auf dem Wege der Gesetzgebung usw. entgegenstehende Hindernisse beseitigt, Lehrmittel, Lehrmethoden usw. ausbauen hilft. Auch vorbildliche hygienische Maßnahmen in den Staatsbetrieben sind mit hierher zu rechnen. Nicht an letzter Stelle steht die mittelbare Förderung der Belehrung durch Fürsorgeeinrichtungen, Beratungsstellen usw., wenn dabei nur mehr Wert auf die Betätigung geeigneter Persönlichkeiten als auf den äußeren Apparat gelegt wird. Je weniger die Absicht der Belehrung hervortritt, desto vorteilhafter ist es im allgemeinen. Rein amtlich aufgezogene Veranstaltungen pflegen darum nicht der beste Weg zu sein, um der Sache neue Freunde zu werben. Eine je breitere Grundlage in der Bevölkerung selbst gewonnen werden kann, desto größer ist das Vertrauen zur Sache und damit auch der Erfolg (s. dazu auch „Großbritannien“ S. 71).

„*Arbeitsgemeinschaft*“ (d. h. insbesondere auch enge Verbindung mit Wirtschaftskreisen), „*persönliche Note*“ seitens der berufenen Träger der Gesetze und zweckmäßige „*Geschäftsführung*“ sind nach DIETRICH-Hoyerswerda (299) die drei Grundsteine der Fürsorgearbeit, wie er sie auf dem Gebiet der Tuberkulosebekämpfung mustergültig, auch in bezug auf den Erfolg, organisiert hat. Bei Veranstaltungen dieser Art kommt es nicht nur darauf an, Aufklärung über die Tuberkulose usw. ins Volk zu tragen, sondern auch für die Fürsorgeeinrichtungen zu werben und Mittel für sie zu beschaffen. Die Vereinigten Staaten sind uns auch in dieser Werbearbeit voraus.

---

[1]) Die aus der Volksbildungsarbeit entstehenden Kosten sind schon vor Jahrzehnten in England zum Teil aus Alkoholsteuern (Sprite money) gedeckt worden. Das Alkoholzehntel in der Schweiz, die Einkünfte aus dem Gotenburger System in Schweden und Norwegen, im Deutschen Reich ein allerdings bescheidener Teil aus den Branntwein-Monopol-Geldern, sind zur Bekämpfung des Alkoholismus verwendet worden. Dieses Verfahren ist noch sehr ausbaufähig und könnte der vorbeugenden Gesundheitspflege ohne Schwierigkeiten die erforderlichen Mittel liefern [ASCHER (2)]. Es würde auch dem Wunsche nach Verteilung der Kosten auf möglichst viele Schultern nicht widersprechen, wenngleich diese Steuer nicht freiwillig und gern getragen zu werden pflegt.

Von besonderem Erfolg pflegen bei guter Organisation sog. *Gesundheitswochen* zu sein. In den uns heute geläufigen Formen sind sie zuerst wohl in Amerika und *England* durchgeführt worden (Health week). Die Leitung lag dort in den Händen anfangs des Agenda Clubs, jetzt des Royal Sanitary Institute, 50 größere und 100 kleinere Städte und Ortschaften waren im Jahre 1913 daran beteiligt. In einer solchen Woche werden gewissermaßen die Truppen aller Waffen, soweit sie in irgendeiner Weise für die Volkswohlfahrt zu Felde ziehen, zu einer gemeinsamen Operation aufgeboten (305). In den vorbereitenden Ausschüssen sind neben den Gesundheitsbehörden die Schulen, Armenverwaltungen, Versicherungsanstalten, Geistliche, Ärzte, Krankenpflegepersonen, die Presse und alle privaten charitativen Vereinigungen vertreten. Bezeichnenderweise stellt der Engländer als Leitgedanken die *Selbsthilfe in gesundheitlichen Fragen* auf. Kinovorführungen, Gesundheitsausstellungen, Säuglingskonkurrenzen[1]), allgemeine Reinmachetage(!), Besichtigung vorbildlicher hygienischer Betriebe (Wasserwerke, Kläranlagen, Mütterschulen, Krankenhäuser, Freiluftschulen) stehen im Programm neben Vorträgen, die von der Hygiene des täglichen Lebens, von Krankheitsverhütung, Ernährung, Seife und Wasser, Mutter und Säugling, Hygiene des Hauses, des Schulkindes, der Kleidung usw. handeln. In Deutschland ist eine *Groß-Berliner Gesundheitswoche* vom 16. bis 21. März 1925 veranstaltet worden, die sich allerdings in verhältnismäßig bescheidenen Bahnen bewegte. Vorbildliches sowohl an Intensität, als auch Originalität der Darbietungen und erzieherischem Geschick hat Wendenburg (336) mit seiner *Kindergesundheitswoche* in Gelsenkirchen (28. VI.—5. VII. 1925) geleistet. Es ist ihm gelungen, weiteste Bevölkerungskreise zu tätigster Mitarbeit heranzuziehen, wozu vor allem die praktische Darstellung der hygienischen Notwendigkeiten am lebendigen Kindeskörper viel beitrugen. Das Normale, Gesunde, die Leistungssteigerung und die Vorbeugung wurden dabei stark in den Vordergrund gerückt, an Stelle von Belehrung wurde Unterhaltung in den verschiedensten Formen geboten. Eine *Tuberkulosewoche* (um nur noch eines statt vieler Beispiele zu nennen) ist im Juni 1924 in *Freiburg i. B.* durchgeführt worden [Uhlenhuth (334)], der zweckmäßigerweise ein Lehrgang für Lehrer eingegliedert wurde. Eine *Reichsgesundheitswoche* in größerem Ausmaß wird auf Anregung der Krankenkassen (325) für das Frühjahr 1926 vom *Reichsausschuß für hygienische Volksbelehrung* gemeinsam mit sämtlichen maßgebenden Organisationen vorbereitet. Dauererfolg werden alle solche Veranstaltungen freilich nur haben, wenn die durch diese Massenwerbung aufgerüttelte Bevölkerung nun auch weiterhin in die Schule geduldiger Belehrungsarbeit genommen wird. Doch führt uns dies schon in die Einzelfragen der Propagandatechnik hinein, denen der folgende Abschnitt vorbehalten ist.

Es sei nur noch kurz einiger Einrichtungen gedacht, bei denen die Werbung für die Idee mit *gesetzgeberischen Maßnahmen* verknüpft ist. Das im Ausland weitverbreitete *Gemeindebestimmungsrecht* (G.B.R.), d. h. das Recht aller erwachsenen Gemeindemitglieder, über Erweiterung, Erhaltung oder Beschränkung der Schankkonzessionen abzustimmen, hat neben dem Ergebnis der Abstimmung selbst eine ausgezeichnete erzieherische Wirkung, insofern die Wähler gezwungen sind, sich immer wieder mit der sonst gern beiseitegeschobenen Alkoholfrage zu beschäftigen, auch pflegen vom einen zum anderen Mal die der Einschränkung

[1]) Die Anrufung des Egoismus zu hygienischen Zwecken ist nicht neu, bekannt sind ja z. B. die Impfmedaillen. Wettbewerbe mit Belohnung z. B. für das bestgepflegte und -entwickelte Kind haben freilich ihre Schattenseite, weil die erbliche Anlage, an der der Belohnte keine Verdienste hat, oft stärker ins Gewicht fällt als die Umwelt. Besser ist es darum, nach dem Vorbild von Wendenburg in Gelsenkirchen (s. oben) den bestgepflegten Körper, die bestgehaltenen Zähne usw. *unabhängig von der Anlage* mit Preisen auszuzeichnen, weil dadurch der Eifer von Eltern und Kindern mit ganz anderem Erfolg angestachelt wird.

folgenden günstigen sozialen und wirtschaftlichen Wirkungen das Interesse an der Sache zu beleben. Entsprechende Erfolge sind von dem *Gesundheitszeugnis* zu erwarten, das von den Rassenhygienikern als Bedingung für die Eheschließung gefordert wird [vgl. Lenz (203) und Fetscher (181)]. Auch wer den unmittelbaren Erfolg der Maßnahme nicht hoch einschätzt, wird zugeben, daß schon viel gewonnen ist, wenn jeder Ehekandidat weiß, daß die gesundheitliche Frage bei der Eheschließung maßgebend ins Gewicht fällt. Auf diese Weise dringt allmählich doch hygienisches Denken ins Volk.

Unsere Betrachtungen wären unvollständig, wenn sie nicht auch die *Hemmnisse* berührten, die sich der hygienischen Volksbelehrung entgegenstellten. Soweit sie in der Problemstellung selbst enthalten oder im Vorstehenden schon gestreift sind — Unwissenheit und Aberglaube —, bedürfen sie keiner weiteren Erörterung. Ebenso gehört das der wissenschaftlichen Medizin feindlich gegenüberstehende Kurpfuschertum zu den Fragen, deren Lösung aus einer planmäßigen hygienischen Durchbildung von selbst erwachsen muß. Der Weg bis zu diesem Ziel ist allerdings noch weit und mühsam, doch erscheint es angesichts der psychologischen Tatsachen fraglich, ob durch gesetzliche Maßregeln eine schnellere grundsätzliche Besserung herbeigeführt werden kann.

Sehen wir ab von dem bewußten Widerstand, der von manchen Seiten aus wirtschaftlichen Gründen, der Aufklärung, z. B. über die Alkoholfrage, entgegengesetzt wird und von den Hindernissen, die in der Gesetzgebung liegen — man denke z. B. an die Frage der Schankkonzessionen und was damit zusammenhängt — so liegt wohl das *größte Hemmnis* der hygienischen Belehrungsarbeit in der *schlechten wirtschaftlichen Lage breiter Volkskreise.* Die Wohnungsnot, der Mangel an allem, was zu des Leibes Notdurft gehört, lassen alle Lehren nutzlos verhallen, die unter diesen Umständen undurchführbar sind. Ehe hier nicht Wandel eintritt, kann von aller Belehrungsarbeit ein sichtlicher Erfolg gerade in den bedürftigsten Schichten nicht erwartet werden.

8. Die Hilfsmittel der hygienischen Volksbelehrung.

Das Werkzeug, das uns zur Verfügung steht, um hygienisches Wissen ins Volk zu tragen, ist ein ungemein vielseitiges. Keines von allen kann Anspruch darauf erheben, für sich allein bewertet und verwendet zu werden, nur in engem Zusammenhang miteinander nehmen sie den richtigen Platz ein. Ihre zweckmäßigste Verwendung, je nach Ort, Zeit und Zuhörerkreis, die Ergänzung des einen durch das andere und ihre Zusammenfassung zu einem lebensvollen Ganzen ist nicht nur eine Frage der Propagandatechnik, sondern weit mehr noch eine solche des pädagogischen Geschicks. Nur von dieser Voraussetzung aus gesehen, können die nachfolgenden Betrachtungen ihren Zweck erfüllen.

a) Das gesprochene Wort.

Unter den Mitteln, die uns zur Beeinflussung und Belehrung anderer Menschen zur Verfügung stehen, ist von jeher das gesprochene und geschriebene Wort das vielseitigste und bedeutungsvollste. Zur mündlichen Belehrung bedienen wir uns, wenn wir von der Unterredung unter vier Augen absehen, an erster Stelle des zusammenhängenden Vortrags. Kriechbaum (a. a. O.) nennt ihn das beste und eindringlichste, aber auch das schwierigste und mühevollste Mittel. Über dem ersten Teil des Satzes wird leicht der zweite übersehen: der Gebrauch des Wortes will gelernt sein. Wenn in der Gegenwart soviel geklagt wird, daß die Persönlichkeit eine zu geringe Rolle im Volksleben spielt, so wird die mangelhafte Pflege der freien Rede leicht als mitwirkende Ursache übersehen. Die neuzeitliche Ausgestaltung des Buchdruckes hat die unmittelbare Einwirkung führender Persönlichkeiten auf das Volk, wie sie z. B. im politischen Leben des klassischen Altertums gegeben war, größtenteils vernichtet. Weitaus die meisten Reden sind nur noch zur Verbreitung durch die Presse bestimmt. Von einer bewußten Pflege der Redekunst kann heute in Deutschland, anders als in den romanischen und englisch sprechenden Ländern, kaum die Rede sein. Insbesondere die Schulen — die höheren fast noch mehr als die Volksschulen — legen auf freien mündlichen Ausdruck, d. h. auf selbständige Gestaltung dessen, was der Schüler denkt (nicht was er glaubt, denken zu sollen), noch viel zu wenig Gewicht, und doch wäre eine solche Erziehung für unser ganzes kulturelles Leben von größter Bedeutung.

Gerade die Volksbildungsarbeit im Sinne der Volkshochschule wird in ihrem Erfolg wesentlich von der *Form* bestimmt, in der das Bildungsgut dargeboten wird. Auf diese muß deshalb mehr geachtet werden als etwa in der Universität, und mit Recht wird darum in den nordischen Volkshochschulen bei der Wahl der Lehrer besonderes Gewicht auf die Befähigung zur freien Rede gelegt. Daneben ist es natürlich für die Volkshochschule, die tätige Mitarbeit von ihren Schülern verlangt, nicht gleichgültig, inwieweit auch die Hörer gewohnt sind und wagen, ihre Gedanken unbekümmert zum Ausdruck zu bringen. Wer diese Arbeit kennt, weiß auch, wie leicht sich angelernte, oberflächliche Formeln an die Stelle des wahrhaftigen, frei gestalteten Ausdrucks drängen.

Welche Anforderungen sind an einen guten Vortrag zu stellen? Zunächst muß die Sprache klar, frei von Schwulst und vor allem frei von allen entbehrlichen Fremdwörtern sein. Mit Fachausdrücken gespicktes „Ärztedeutsch", am Schreibtisch ausgeklügelte Redewendungen können niemals die enge Verbindung zwischen Sprecher und Hörer herstellen, die wir brauchen. Alles ist so einfach als möglich auszudrücken. Fremdwörter sind zu vermeiden, und wo sie unentbehrlich sind, allgemein verständlich (nicht durch andere Fremdwörter!) zu erläutern. Nur vom Redner selbst klar Durchdachtes kann auch vom Zuhörer richtig erfaßt werden. Wer glaubt, durch die Fülle gelehrter Einzelheiten und Fachausdrücke der Autorität der Wissenschaft zu dienen, bleibe der Volksbildungsarbeit lieber fern.

Zweitens muß der Hörer stets das Gefühl haben, ernst genommen zu werden. Verwickeltere Verhältnisse müssen wohl fast stets auf einfachere Linien zurückgeführt werden, um vom Nichtfachmann verstanden werden zu können, doch darf der Stoff nie ad usum populi zurechtgemacht werden. Die Forderung nach strenger Wahrhaftigkeit läßt sich selbst bei schwierigen Fragen erfüllen, wenn nur auf überflüssiges Beiwerk verzichtet wird. Es schadet auch gar nichts, wenn mitunter die Relativität unserer Erkenntnisse aufgezeigt wird, im Gegenteil, dem Bildungszweck kommen wir oft näher, wenn wir eine Frage offen lassen, anstatt sie diktatorisch zu beantworten. Dem Takt in der Menschenkenntnis des Vortragenden muß es überlassen bleiben, sich den bei seinen Zuhörern gegebenen Voraussetzungen anzupassen und die richtige Mittellinie zwischen zu populärer, seichter und zu wissenschaftlicher, zu gedrängter Darstellung zu finden.

Je bildhafter die Sprache ist, desto leichter dringt sie zum Herzen des Hörers. Darum ist auch auf dem Lande die Benutzung des Dialekts geradezu geboten und auch ein gelegentlicher humoristischer Einschlag, ein lustiger Vergleich ist ein nicht zu verachtendes Mittel, um die Gefühle der Zuhörerschaft zum Mitschwingen zu bringen. Da abstraktes Denken dem einfachen Mann sehr schwer fällt, sind praktische Beispiele, u. U. auch einfachste Kreidezeichnungen an der Wandtafel, zur Erläuterung theoretischer Gedankengänge unentbehrlich [HODANN (32)].

Als Drittes ist gute Gliederung des Stoffes zu verlangen. Unübersichtlich aneinandergereihte Einzelheiten, die dem Zuhörer keine Schätzung gestatten, ob man sich am Anfang, in der Mitte oder am Ende des Vortrags befindet, ermüden sehr rasch. Auch darf das Stoffgebiet nicht zu groß bemessen werden, nicht nur um den Vortrag nicht ungebührlich auszudehnen ($^3/_4$ bis 1 Stunde ist im allgemeinen die höchste Grenze), sondern auch, um der Gefahr zu oberflächlicher Behandlung zu entgehen.

Zur guten Anordnung des Stoffes gehört mit an erster Stelle die richtige Wahl des Ausgangspunktes (nicht nur für den Einzelvortrag, sondern auch für Vortragsreihen) und die Einstellung auf die jeweilige Hörerschaft. Ein weniger schematischer Ausbau erschwert natürlich dem Lehrer die Aufgabe, aber vortragen soll grundsätzlich überhaupt nur, wer den Stoff so beherrscht, daß er ihn lebendig zu gestalten vermag.

Geradezu klassische Beispiele dafür, wie durch interessantere Fragen von vornherein die Anteilnahme geweckt werden kann, gibt KRIECHBAUM (39). Allgemeine biologische Gedankengänge, wie er sie einbezieht, helfen auch die Klippe allzu medizinischer Stoffbehandlung und damit der Gefahr aus dem Wege zu gehen, daß die stets erwünschte Aussprache den Charakter einer ärztlichen Sprechstunde annimmt.

Eindringlich wirkt der Vortrag ferner nur, wenn er frei gehalten wird. Gute Vorbereitung ist auch für den Redegewandten unentbehrlich, aber eine Wort für Wort vorgelesene Ausarbeitung hat stets etwas Quälendes an sich und läßt auch den besten Inhalt nicht zur Wirkung gelangen. Die von vornherein festgelegte Form gestattet keine Anpassung an Zuhörerkreis und Ort, vor allem auch keine Kürzungen, die bei solchen Vorträgen meist besonders nötig wären. Das Unpersönliche, Schematische vorgelesener Vorträge tritt besonders stark bei fertig ausgearbeiteten Begleittexten zu Lichtbildern und Filmen hervor. Es genügt, wenn der Rohstoff und seine Gliederung in Stichworten an die Hand gegeben wird, etwa nach Art der von BESCHORNER ausgearbeiteten Dispositionen zu Tuberkulosevorträgen (173).

Endlich ist auch dem *äußeren Rahmen des Vortrages* gebührende Beachtung zu schenken. Schon die Art der Ankündigung, der mehr oder weniger anziehende Titel, beeinflußt die Wirkung. So entspricht es nicht den Erfahrungen der Propagandatechnik, wenn der Titel zu lang und umständlich gewählt wird, sondern er muß kurz, knapp und gefühlsbetont sein [MAMLOCK (44)].

Wo die Bevölkerung erst für die Sache gewonnen werden soll, ist es geraten, die Belehrung mit Unterhaltung zu verbinden und den Vortrag nicht als Hauptzweck erscheinen zu lassen. Musikalische Darbietungen ernster und heiterer Art, Deklamationen, ja auch kleine Theateraufführungen kann man nach dem Beispiel von WELDE (79—81) in seinen Leipziger Mütterkursen als Anlockungsmittel benutzen. Nur müssen die Vorführungen möglichst von einheimischen Kräften geboten werden und den berechtigten Ansprüchen der Geschmackskultur (im Sinne des Dürerbundes) entsprechen, zwei Forderungen, die nicht immer leicht miteinander in Einklang zu bringen sind. Freiwillige Kräfte sind auch notwendig, dem Vortragenden die mancherlei äußerlichen Vorarbeiten, wie Besorgung von Vortragsraum, Heizung und Beleuchtung, Lichtbildapparat, Ankündigung durch Zeitungsnotizen in der örtlichen Presse u. a. m., abzunehmen. Je mehr Möglichkeit zu positiver Mitarbeit sich bietet, sei es auch nur in solchen nebensächlichen Dingen, desto mehr wird auch das Interesse an der Sache selbst Wurzel schlagen.

Eine Vortragsart, von der manches Gute zu erwarten ist, obwohl sie den zuletzt genannten Bedingungen am wenigsten entspricht, ist der *Rundfunk*. Seine Vorteile, aber auch seine Schwierigkeiten liegen in der großen Zahl von Personen aus den verschiedensten Bevölkerungskreisen und Lebensaltern (Kinder!), denen der Vortrag gleichzeitig zu Gehör kommt. Die fehlende persönliche Berührung und die Unmöglichkeit von Gegenfragen stellen an klare und gewählte Ausdrucksweise des Vortragenden besondere Anforderungen [Fischer-Defoy (182)], andererseits ist das Interesse für hygienische Vorträge besonders groß, so daß sie auch von sichtlichem Erfolg begleitet sind (Seiffert). Die Veranstaltung von Rundfunkvorträgen, die, um keine Übersättigung herbeizuführen, nur in Abständen von 8—14 Tagen erfolgen sollten, ist heute wohl von allen Senderstationen üblich. In Dresden, wie wohl auch anderwärts, ist sie von der Ärzteorganisation in die Hand genommen worden (vgl. dazu auch S. 60).

In Frankfurt a. M. wird das Rundfunkprogramm vom Stadtgesundheitsamt aufgestellt, die Sendegesellschaft läßt keine Vorträge über medizinische Fragen halten ohne Einverständnis des Stadtgesundheitsamtes.

Selbstverständlich hat auch diese Form der Massenbelehrung ihre Vorläufer gehabt — in Form der Kanzelreden, die sich über größere Gebiete hin am selben Tag mit dem gleichen Stoff beschäftigten. Bekannt ist z. B. das Branntweinedikt von König Friedrich Wilhelm III., in dem er den Konsistorien befahl, in allen Kirchen gegen den Branntwein predigen zu lassen. Ähnlich ist im Kampf gegen den Alkoholismus z. B. auch in den Vereinigten Staaten verfahren worden, und auch bei uns befreundet man sich in neuerer Zeit wieder mit dem Gedanken solcher Predigtfeldzüge. Es bedarf keines Beweises, daß einer solchen unmittelbaren persönlichen Einwirkung eine ganz andere Stoßkraft zukommt als dem seelenlosen Rundfunk — soweit natürlich die Kirche überhaupt in lebendiger Verbindung mit dem Volksbewußtsein steht. Wir können und wollen das Rad der Geschichte nicht rückwärts drehen, wir wollen aber auch über der Entwicklung der Technik nicht vergessen, daß in der Hygiene wie kaum sonstwo die Beziehungen von Mensch zu Mensch das Entscheidende sind, und daß alles Nurmechanische niemals zu dem Wesenskern der Dinge vorstoßen kann.

b) Das geschriebene Wort.

So weit das gesprochene Wort an Unmittelbarkeit und Sicherheit seiner Wirkung allen anderen Hilfsmitteln voransteht, so wenig sind die Grenzen zu verkennen, die ihm gezogen sind. Nur an eine beschränkte Anzahl von Menschen, und am wenigsten an die Belehrungsbedürftigsten, kann man mit ihm herankommen (die Ausnahme beim Rundfunk kann hier unberücksichtigt bleiben), und die Unmöglichkeit, das Gehörte nach Bedarf für sich zu wiederholen, erschwert auch dem Lernbegierigen die Vertiefung und die Weiterarbeit. Diese Lücken können nur von dem *geschriebenen* bzw. *gedruckten Wort* ausgefüllt werden.

Die Formen, in denen uns Schriftwerke volkstümlich-hygienischen Inhalts entgegentreten, sind ungemein vielgestaltig. Vom kurzgefaßten Merkblatt und Zeitungsaufsatz bis zum dickleibigen Sammelwerk und zur regelmäßig erscheinenden Zeitschrift gibt es wohl kaum eine Gattung von Druckerzeugnissen, die nicht schon in den Dienst der Sache gestellt worden wäre. In seiner grundlegenden Arbeit führt Fischer-Defoy (19) eine Fülle von Beispielen an, unter denen sich nach Inhalt, Darstellungsweise und äußerer Form eine Anzahl Typen, allerdings ohne schärfere Abgrenzung, unterscheiden lassen.

In neuerer Zeit hat A. Rohrbach (54) versucht, die einzelnen Typen vom Standpunkt der Propagandatechnik aus schärfer zu umreißen und aus etwa 2000 Drucksachen gewisse Durchschnittsnormen zu gewinnen. Die Übersicht, die er gibt, und die neben dem gedruckten Wort auch das Bild berücksichtigt, erscheint uns wertvoll genug, um sie hier wiederzugeben. Unsere weiteren Darlegungen schließen sich dieser Einteilung allerdings nur zum Teil an, weil sie auch die Mischtypen und die nach Art und Umfang über den Rahmen der Propaganda hinausgehenden Bücher und sonstigen Hilfsmittel zu berücksichtigen und neben der propagandistischen die pädagogische Seite eingehender zu würdigen haben.

Übersicht über die Hilfsmittel der hygienischen Propaganda nach A. ROHRBACH.

		1. Gruppe	2. Gruppe
Innere Struktur	Zweck:	Werbung	Wissensbereicherung, Belehrung
	Zweck:	der Geworbene soll durch „Überrumpelung" zu einem sofortigen Entschluß (Handlung) veranlaßt werden.	der Geworbene soll auf Grund eigener logischer Folgerung zu einem langsam gereiften Entschluß geführt werden
Innere Struktur		nach suggestiven Gesetzen	nach pädagogischen Gesetzen
		entschlußfordernde, affektbildende Reihenfolge der Argumente	didaktische, zwingend logische Reihenfolge der Argumente
Äußere Erscheinung	Schriftbild:	flackernder Schriftsatz	ruhiger Schriftsatz
		häufiger Schriftwechsel, Typenwechsel, Größenwechsel	seltener Schriftwechsel, Schrifteinheit in Typencharakter und Größe fast durchgehend gewahrt
		Sperrung von Schlagwörtern, Reizwörtern	Sperrung von Merkwörtern Stichwörtern (Kapitelüberschriften)
Bild	Darstellung:	selbständiger Werbefaktor	Illustration des Textes
		aktive Rolle des Bildes, Bild spricht unabhängig vom Text	passive Rolle des Bildes, Bild wird im Text besprochen
	Farben:	stimmungsbildende Funktion	illustrative Funktion
		als effektbildendes Element	als didaktisches Element
		helle Farbtöne reine Farben	gedämpfte Farbtöne Untermischung mit Grau
		scharfe Farbenkontraste	Kontraste durch Übergangsfarben abgeschwächt
		schwarz-weiß unvermittelt	Schattierungen
	Format:	Durchschnittsformat	Durchschnittsformat
		Plakat { Außenplakat 80 × 50 Innenplakat 65 × 42 }	Merktafel 62 × 43
		Flugblatt 13 × 17	Merkblatt 12,5 × 17
		Flugschrift { 16 × 21 6 Seiten }	Belehrungsbroschüre { 12 × 16 24 Seiten }
		Werbekarte Handzettel 10,5 × 13	Merkkarte 9 × 11
		Wimmelmarke 6 × 4	Belehrungsmarke 5 × 4

Das *Flugblatt* (Merkblatt) und die *Flugschrift* (Belehrungsbroschüre) sind die einfachste und älteste, zugleich aber auch vielseitigste Form belehrender Druckschriften. Nicht nur nach dem Stoff, sondern auch nach Umfang und Aufmachung, nach dem Zuschnitt auf mehr oder weniger begrenzte Bevölkerungsteile, auf besondere Anlässe usw. gestattet es die mannigfachsten Abstufungen. Die am weitesten verbreiteten sachlich *lehrhaften Merkblätter*, die weder in Schriftart und Textanordnung, noch in Papier oder Farbe etwas Anziehendes an sich haben, gehen leicht unbeachtet in der Flut der Druckerzeugnisse unter. Dagegen pflegen *Bilder* das Auge auf sich zu lenken und die Brücke zum Inhalt zu schlagen, ebenso wie der Stoff durch Einkleidung in Versform schmackhafter gemacht wird. Liebt es doch das Volk von jeher, allgemeine Wahrheiten in leicht zu behaltenden Merkversen auszudrücken. Reim und Bild zu einem glücklichen Zusammenklang verbunden haben in neuerer Zeit z. B. Dr. DOHRN-Hannover in seinen Merkblättern über Geschlechtskrankheiten, Tuberkulose und allgemeine Gesundheitspflege[1]), der *Arbeiter-Abstinenten-Bund in Wien* in seinem „Lustigen A-B-C" über die Alkoholfrage, H. RICHTER in seinem „Struwelpeterbuch von Mund und Zähnen" (236), zu dem Arpad Schmidhammer köstliche Bilder geliefert hat, und, trotz größeren Umfangs besonders gut gelungen, in ihrer *„Säuglingspflege in Reim und Bild"* ELISABETH BEHREND (169).

Einen neuartigen Weg hat die alkoholgegnerische Bewegung eingeschlagen, deren Werbemittel überhaupt durch Vielgestaltigkeit und Beweglichkeit ausgezeichnet sind: unter dem Titel „Saat der Hoffnung" ist mit einem von Prof. DRESCHER geschaffenen Bild von Mutter und Kind und mit gutachtlichen Äußerungen bekannter Ärzte ein Unterschriftsformular verbunden, durch das sich Mütter zur Alkoholenthaltsamkeit während der Schwangerschaft und Stillzeit und zu alkoholfreier Kindererziehung verpflichten (226).

Den Flug- und Merkblättern gleichzuordnen sind Drucksachen, die an sich anderen Zwecken dienen, die aber wegen ihrer großen Verbreitung geeignet sind, zwanglos und nebenbei hygienische Belehrung zu verbreiten. So sind [nach WEINBERG (76)] vor dem Krieg in französischen Krankenhäusern die Rezeptblätter auf der Rückseite mit Mahn- und Lehrsätzen über den Alkoholismus bedruckt worden, ja schon 1848 hat auf Ersuchen des Gesundheitsamts in Sheffield die Behörde für öffentliche Wege die Steuerzettel (!) mit hygienischen Rezepten versehen. Überhaupt gibt es wohl kaum einen Gegenstand, den man nicht schon in dieser Weise auszunutzen versucht hätte, von der Briefverschlußmarke bis zum Buchzeichen und zur Streichholzschachtel, die z. B. in Argentinien der hygienischen Propaganda dienstbar gemacht worden ist. Zu den Beispielen solcher Gelegenheitsbelehrung gehören u. a. noch die von SCHMIDT (228) herausgegebenen Fiebertafeln mit Merkblatt auf der Rückseite, die Weißen-Kreuz-Schulhefte des Landesvereins für Volkswohlfahrt Hannover[1]), die — im einzelnen allerdings noch verbesserungsbedürftige — Aufsätze über Fragen der Gesundheitspflege enthalten, und der Stundenplan, der vom Verein zur Bekämpfung der Schwindsucht, Chemnitz, herausgegeben worden ist und mit kurzen, einprägenden Versen von Dr. DOHRN-Hannover versehen ist (243). Endlich sind in gewissem Sinne auch die *Gesundheitskalender* hierherzurechnen, wie sie in neuerer Zeit wieder von NEUSTÄTTER (214) und von ROSENTHAL (225) geschaffen worden sind. Den Vorteil der in fraktionierten Dosen verabreichten Belehrung, wie sie die Kalender zu vermitteln vermögen, haben Naturheilvereine usw. längst erkannt und praktisch ausgenutzt. Es ist deshalb zu begrüßen, daß solche zum Teil mit guten Abbildungen ausgestattete Abreißkalender nunmehr auch von berufenerer Seite geschaffen worden sind.

Ein gewöhnlich nur mündlich ausgesprochener, bisher wohl noch nicht verwirklichter Vorschlag geht dahin, das für gewisse diskrete Zwecke nötige Papier entsprechend zu bedrucken, weil nirgends sonst Drucksachen so genau gelesen zu werden pflegen.

Naheliegend und darum häufig versucht worden ist die Zusammenfassung hygienischer Lehren in Form von Gesundheitsregeln oder Geboten, zuerst wohl von BURGERSTEIN (89) und der *Hygiene-Sektion des Berliner Lehrer-Vereins* (102), in neuerer Zeit auch, nach amerikanischem Muster, von G. SEIFFERT (s. S. 76) — für Teilgebiete der Hygiene — von der *Gesundheitswacht* (s. S. 66). Allerdings werden sie im allgemeinen nur als Abschluß und Gedächtnisstütze einer

[1]) Zu beziehen vom Landesverein f. Volkswohlfahrt. Hannover, Maschstraße 8.

tiefer eindringenden Belehrung, nicht für sich allein Gutes wirken können. Durch Gehaltreichtum und Schönheit der Sprache gleicherweise ausgezeichnet sind die „Gebote der Gesundheit", die H. REICHEL in seinem auch sonst wohlgelungenen „Katechismus der Gesundheit" (221) gibt. Sie sind ihrer pädagogischen Einstellung wegen bemerkenswert, insofern sie die Weckung aktiver Kräfte im Sinne unserer früheren Ausführungen in den Vordergrund stellen:

Gebote der Gesundheit.

1. Sei gesund! Bereit zu jeder möglichen Leistung, stark im Ertragen von Widerwärtigkeiten.
2. Pflege deinen Körper, übe ihn und härte ihn ab durch Wasser, Luft und Licht.
3. Wähle deine Berufsarbeit mit Sorgfalt nach deinen Fähigkeiten und strebe ständig nach Betätigung, die dich selbst fördert.
4. Suche Erholung in gesundem Schlafe, den du nach ermüdender Arbeit in Ruhe und frischer Luft findest.
5. Strebe nach angemessener Nahrung, sorgfältig bereitet und verwahrt, dir wohl bekömmlich und mundend.
6. Deine Wohnung sei dir Hort und Heim, nur dir und den Deinen gehörig, licht, luftig, wohlgepflegt und geordnet, eine Stätte, würdig deines Menschentums.
7. Deine Kleidung sei dir Schutz und Schmuck, schlicht und rein, ohne Last und Beengung, dem wechselnden Bedürfnis angepaßt.
8. Bewahre dich durch Reinheit in allem vor Ansteckungsstoffen aller Art, die dich überall mit Krankheit, Tod oder Siechtum bedrohen.
9. Bewahre dich durch Willensstärke vor Rauschgiften, die Dich herabwürdigen, dich und die Deinen verderben.
10. Erhalte dein ererbtes Keimgut, indem du es ungeschädigt von Krankheit und Giften weitergibst durch Gründung einer dauernd wohlbeschützten und gepflegten Familie.

DasBeispiel von B. CHR. FAUST (94), der die Hauptforderungen der Gesundheitspflege zu einem *Gesundheitskatechismus* in Form von Frage und Antwort verarbeitete, hat vielfache Nachahmung gefunden. Trotz der unvermeidlichen Gewaltsamkeiten in der Stoffverteilung und trotz der naheliegenden Gefahr, daß die Antworten, auswendig gelernt, zu unfruchtbaren Formeln erstarren, haben gerade in neuerer Zeit ähnlich angelegte Bücher wie die von HARING (193), KRASEMANN (199) und vor allem die „Säuglingsfibel" von A. ZERWER (249) weite Verbreitung erlebt.

Der jüngst erschienene Katechismus der Gesundheitslehre von ORTHNER (132) ist weniger glücklich, weil er die Bakteriologie viel zu stark betont, doch ist es anderseits ein guter Gedanke des Verfassers, in einem Leitfaden für die Hand des Lehrers (133) den Inhalt des Katechismus näher zu erläutern.

Ihrem Inhalt und ihrem Lehrziel nach gehören die Katechismen in die große Reihe *sachlich-systematischer Darstellungen kleineren Umfangs*, die sich meist mit Teilgebieten der Hygiene beschäftigen und wohl die Hauptmasse der populärmedizinischen Druckschriften ausmachen: die mancherlei Leitfaden, Ratgeber, Merk- und Nachschlagebüchlein [z. B. von BESCHORNER (172), BIESALSKI (174), BRUHN (176), ENGE (179), LOEWE (204), M. VOGEL (245), die „Bücherei der Gesundheitspflege" (255), die „Hausbücher zur Erhaltung der Gesundheit" (264), die Schriftenreihe „Leben und Gesundheit" (268) des Deutschen Hygiene-Museums, die „Veröffentlichungen des Deutschen Vereins für Volkshygiene" (271) u. v. a. (s. Literatur!)].

Ihnen reihen sich die *größeren Werke* an, die entweder in mehr *fachwissenschaftlicher* Prägung dem Schulunterricht zu dienen oder, *volkstümlich gehalten* und daher auch breiter in der Darstellung, vorwiegend zum Selbststudium bestimmt sind. Neben dem „Gesundheitsbüchlein" des Reichsgesundheitsamtes (185), neben den Schriften von ABDERHALDEN (166), GOTTSTEIN (25), GROTJAHN (189), die vor allem die Sozialhygiene zu ihrem Recht kommen lassen, ist hier aus der erstgenannten Gruppe die „Gesundheitslehre in der Schule" von ADAM und LORENTZ (167) als neuestes und vielseitigstes Werk zu nennen. Nach Inhalt und Ausstattung, dank auch der meist aus dem Deutschen Hygiene-Museum stammenden Abbildungen, bietet es dem Lehrer eine wertvolle Hilfe für den Unterricht. Daneben werden aber, um aus einem übergroßen Angebot nur einiges zu erwähnen, das in den bayerischen Schulen eingeführte Lehrbuch von Grassl und Reindl (187), die menschenkundlichen Unterrichtsbücher von KIENITZ-GERLOFF (113), SEYFERT (234), F. A. SCHMIDT (229), G. SCHNEIDER (230, 231) u. a. immer ihren Platz in der Schule behaupten.

Das Vorbild für die zum *Selbstunterricht* bestimmten *Nachschlagewerke größeren Umfangs* hat C. E. BOCKS „Buch vom gesunden und vom kranken Menschen" (175) abgegeben, das nicht weniger als 18 Auflagen erlebt hat. Zweifelhafte Machwerke, wie die von BILZ und PLATEN, die sich außer mit Gesundheitspflege auch mit Krankenbehandlung in einseitigster und oberflächlichster Weise beschäftigen, haben zwar ein berechtigtes Mißtrauen gegen so ausführliche Bücher entstehen lassen, auch ist die Gefahr des Halbwissens da, wo es sich um Gesundheit und Krankheit handelt, ernster als anderswo zu nehmen. Unstreitig beweist jedoch auch die riesige Verbreitung solcher meist auch mit zahlreichen Abbildungen ausgestatteten Bücher ein tiefes Bedürfnis nach Aufklärung, und es erscheint immer noch als das kleinere Übel, wenn dieser Wissensdurst aus reiner Quelle gestillt wird, anstatt auf weniger einwandfreie Hilfsmittel angewiesen zu bleiben.

Wissenschaftlich einwandfreien Büchern, wie denen von KOSSMANN und WEISS (200) und von H. SCHALL (227) ist darum der Wert für die Förderung der Gesundheitspflege nicht abzusprechen, und selbst Werke, die sich mit dem Verhalten bei Krankheiten so ausgiebig beschäftigen wie das von F. SCHÖNENBERGER (232) oder wie das neue, prächtig ausgestattete „Ärztliche Volksbuch" von MENG und FIESSLER (207) können mit gewissem Vorbehalt einsichtigen Laien in die Hand gegeben werden[1]). Ebenso wie von der Urteilsfähigkeit des Publikums hängt es von der Stellung des Arztes zum Kranken und von seinem pädagogischen Geschick ab, ob die Belehrung und Anregung zum Nachdenken den Laien letzten Endes mehr zum Arzt hin- oder mehr von ihm wegführt. Wenn nichts anderes, dann gestatten jedenfalls die durch Jahrzehnte bewährten klassischen Beispiele volkstümlicher Belehrungskunst, wie HUFELANDS „Makrobiotik" (195) und SONDEREGGERS „Vorposten der Gesundheitspflege" (235), die Frage nach dem Wert und der Wertschätzung verständnisvoller ärztlicher Belehrung in dieser Form durchaus zu bejahen.

Die letztgenannten Schriften, denen man aus früheren Jahrzehnten z. B. auch die heute vergessenen „Ärztlichen Sprechstunden" von NIEMEYER (215) und aus noch früherer Zeit die Werke von TISSOT (70—72) hinzufügen darf, tragen schon mehr den Stempel *literarisch-unterhaltender Darstellungen*, statt der sonst vorherrschenden nüchtern-sachlichen. Am dankbarsten und reizvollsten ist diese Behandlungsweise bei biologischen Stoffen. Als vorbildlich sind hier besonders

[1]) Weniger umfangreich und deshalb vor allem für das ärztliche Wartezimmer zu gelegentlicher Lektüre bestimmt ist das Sammelwerk „Arzt und Patient", das G. MAMLOCK in Verbindung mit dem Reichsausschuß für hygienische Volksbelehrung herausgegeben hat (205).

aus neuerer Zeit „Der Mensch“ von H. Dekker (178), „Wunder in uns“ von Hanns Günther (190) und „Das Leben des Menschen“ von Kahn (196) anzuführen, die es in der Art des weitverbreiteten „Kosmos“ verstehen, das Verständnis für die wunderbare Zweckmäßigkeit des organischen Lebens, insonderheit des Menschenkörpers, zu wecken. Auch das eine mehr ärztliche Note tragende Buch von Groddeck (188), das „Gesundheitsbrevier“ von P. Meissner (206) und nicht zum letzten die amüsanten Plaudereien Fulda's (184) enthalten viel Anregendes und Nachdenkliches, auch für den Arzt, dem überhaupt das Studium derartiger populärer Schriften gar nicht dringend genug angeraten werden kann.

Am Ende dieser langen Reihe von Büchertypen ist noch der *rein literarischen* Werke zu gedenken — der Tendenzerzählung und der Dichtung in gebundener Sprache, denen naturgemäß meist Vorwürfe sozialhygienischer Art (Geschlechtskrankheiten, Alkoholfrage) zugrunde liegen. Freilich wird bei den meisten dieser Werke, aus deren großer Zahl[1]) hier nur als besonders erfolgreich H. Poperts „Hellmuth Harringa“ (220) genannt sei, der künstlerische Wert durch die Absicht, aufklärend zu wirken, leicht beeinträchtigt, und nur wo der Künstler davon unbeengt zu Worte gelangt, wie in dem Hausbuch für geschlechtliche Erziehung „Am Lebensquell“ (202), wird wenigstens bei dem empfänglichen Teil des Publikums innigere Teilnahme an diesen Lebensfragen ausgelöst werden können.

Auf einem Blatt für sich stehen Erzählungen, die für die Jugend bestimmt sind. Als Musterbeispiele, auch in bezug auf die begleitenden Abbildungen, seien hier nur die Schriftenreihe „Junge Schweizer“ von Ad. Müller, herausgegeben vom Zentralsekretariat Pro Juventute in Zürich (212), und die Zeitschrift des Österreichischen Jugendrotkreuzes (s. S. 67), erwähnt. Zu begrüßen wäre es auch, wenn kulturhistorische Betrachtungen, wie z. B. die über den „Schwarzen Tod“ von Nohl (216), in und außerhalb der Schulen mehr als Lesestoff herangezogen würden. Von der Gefahr ansteckender Krankheiten, von Aberglauben und Wissenschaft geben sie ein ungleich anschaulicheres Bild als ein sich auf das „Exakte“ beschränkender Unterricht.

Der Wunsch, über gelegentliche Berührungen hinaus eine dauernde Verbindung zwischen hygienischer Wissenschaft und Volk, zwischen Lernendem und Lehrendem herbeizuführen, ist immer wieder der Anstoß zur Schaffung *populär-hygienischer Zeitschriften* gewesen, in denen alle Spielarten der Darstellungsweise ihren Platz finden können. Der größte Teil derselben, oft (wie z. B. der „Naturarzt“) viele Tausende von Beziehern zählend, hat freilich neben der Gesundheitspflege auch den Kampf gegen bestimmte medizinische Richtungen auf seine Fahne geschrieben und ist daher einer sachlichen Belehrung mehr hinderlich als förderlich. Abgesehen von Blättern mit umschriebenen Aufgaben, wie der alkoholgegnerischen Presse, ist es leider bisher nur wenigen Zeitschriften, z. B. den von Niemeyer begründeten und von Gerster weitergeführten „Hygieia“, und dem „Arzt als Erzieher“ (251) geglückt, durch Abwechslung im Inhalt und in der Schreibweise weitere Kreise ebenso zu fesseln wie die wissenschaftsfeindlichen Blätter. Selbst so ausgezeichnete Zeitschriften wie die jetzt von Dr. Bornstein herausgegebenen „*Blätter für Volksgesundheitspflege*“ (254) und der „Gesundheitslehrer“ (260) sind deshalb trotz jahrzehntelanger Arbeit nicht über einen bescheidenen Leserkreis hinausgekommen.

Die Kunst, bei aller sachlichen Korrektheit doch anregend, volkstümlich und kurz zu schreiben, bedarf bei uns noch ebenso der Pflege, wie die Kunst des mündlichen Gedankenaustauschs. In der Hochflut hygienischer Schriften ist

---

[1]) Weitere Beispiele s. u. a. bei Fischer-Defoy (19) und Effler (16).

die Zahl derer nicht gering, die wegen unverständlicher Ausdruckweise, falscher Abschätzung der Voraussetzungen, unklarer Stoffgliederung oder — der häufigste Fehler — wegen unnötiger Länge und Langweiligkeit ihren Zweck verfehlen. Am auffälligsten ist dieser Mangel da, wo kleinere Abhandlungen hygienischen oder medizinischen Inhalts zwischen andere Stoffe hineingestreut sind, d. h. in der Tagespresse, in Fach- und Unterhaltungszeitschriften, in Kalendern u. dgl. Schon in der Wahl des Titels, aber auch in der ganzen Darstellungsweise haben die in dieser Arbeit Stehenden noch viel vom Berufsjournalisten und Reklamefachmann zu lernen [Mamlock (44)]. Je weniger die Kreise, für die man schreibt, zu lesen gewöhnt sind, wie z. B. auf dem Lande, wo außer der Zeitung höchstens noch der Kalender als Lektüre in Frage kommt, je eindringlicher und nachhaltiger also die Wirkung ist, desto mehr Liebe und Geschick gehört dazu, die richtige Form zu finden [Kriechbaum (41)].

Wie die *Presse* der Belehrungsarbeit dienstbar gemacht werden kann, ist zu einem großen Teil eine Frage der Organisation. Schon Lingner (361) hat sich eingehend mit ihr beschäftigt, doch läßt sich die einheitliche Zusammenfassung des hygienischen Pressedienstes, wie sie ihm vorschwebte, höchstens zu einem kleinen Teil verwirklichen. Nur die größeren Blätter können sich der Kosten wegen medizinischer Korrespondenzen, z. B. der von Hanauer (264) oder von Kaufmann (266) bedienen, die große Masse der Provinzzeitungen dagegen ist vorwiegend auf örtliche Mitarbeiter angewiesen. Der Nachteil der geringeren Einheitlichkeit und des Mangels an geeigneten Mitarbeitern wird dabei durch bessere Anpassung an die örtlichen Verhältnisse mehr als ausgeglichen. Einer ortsbekannten Persönlichkeit, wie dem Bezirksarzt, gelingt es z. B. unschwer, in Gestalt einer „Gesundheitsecke" oder eines „Briefkastens" der hygienischen Belehrung einen Platz zu sichern. Dabei können sogar Abbildungen Verwendung finden, wie es z. B. Dietrich (a. a. O.) getan hat. Mustergültiges in der Pressearbeit hat auch Reg.-Med.-Rat Dr. Paarmann, Kamenz i. Sa., geleistet[1]).

Die Pressearbeit wird also ihre Aufgabe weniger darin zu suchen haben, selbst fertig vorbereitete Notizen gleichmäßig in die gesamte Presse zu bringen, als einem Stamm von regelmäßigen Mitarbeitern geeigneten Rohstoff zur Weiterverarbeitung zukommen zu lassen, Anregungen auszutauschen, und wie Mamlock (a. a. O.) vorschlägt, Richtlinien für die publizistische Erörterung aufzustellen. Eine zentralisierte Bearbeitung und Herstellung ist dagegen mit Langstein (117) für Merkblätter anzustreben, um Widersprüche und unnütze Ausgaben zu vermeiden.

Ganz gleich aber, in welcher Form das geschriebene Wort angewendet wird, ist stets, wie oben schon gesagt, die engste Verbindung mit den sonstigen Belehrungsmitteln und Methoden anzustreben, weil es nur dann seinen vollen Wert erweisen kann. So ist die unterschiedslose Verteilung von Flugblättern unzweckmäßig; bei günstiger Wahl von Ort und Zeit dagegen, in Verbindung mit Vorträgen, mit der Fürsorgetätigkeit, mit Ausstellungen und sonstigen Anlässen kann ein angebotenes Blatt oder ein Buch auf weit größere Aufnahmebereitschaft und damit Wirkung rechnen.

Ein Zeitungsaufsatz findet geneigtere Leser, wenn er an bekannte Ortsverhältnisse oder -ereignisse anknüpft. Ebenso wie die mündliche Belehrung nur in engstem Zusammenhang mit den übrigen Volksbildungsbestrebungen erfolg-

[1]) Die Presse steht den Bestrebungen hygienischer Belehrung meist sehr wohlwollend gegenüber. Schwierigkeiten macht es erfahrungsgemäß nur, eine sachliche Berichterstattung über die Alkoholfrage zu erreichen, weil hier die wirtschaftlichen Rücksichten auf den Anzeigenteil einen der Presse selbst unerwünschten Einfluß ausüben (vgl. Kraepelin, Alkohol u. Tagespresse, Julius Springer 1923).

reich durchgeführt werden kann, sind auch die öffentlichen Büchereien und Lesehallen, die Schulbüchereien usw. dieser Aufgabe dienstbar zu machen. Bis heute verfügen diese bei uns freilich nur über einen bescheidenen Schatz an guter hygienischer Literatur. Durch sachgemäße Beratung der leitenden Persönlichkeiten hinsichtlich der Auswahl der anzuschaffenden Bücher wird der pädagogisch geschulte Arzt, in der Schule besonders der Schularzt, viel dazu beitragen können, dem Belehrungsstreben des Volkes die rechten Quellen zu erschließen. Ebenso wichtig ist es aber, wie es HAMM in Braunschweig getan hat (192), den Benutzern der Büchereien mit Winken für die Auswahl unter den vorhandenen Büchern an die Hand zu gehen.

c) Anschauungsmittel.

Wert der Anschauungsmittel.

Wort und Schrift sind bis vor recht kurzer Zeit fast die einzigen Hilfsmittel hygienischer Belehrung gewesen. Sehen wir ab von den einfachen Wandtafeln und Modellen für den Unterricht in Menschenkunde und Erster Hilfe und von den Zeichnungen und Modellen aus dem Bereich der Gesundheitstechnik, so bleibt bis etwa zur Jahrhundertwende kaum etwas übrig, was zur Veranschaulichung der eigentlichen Hygiene hätte dienen können. Daß ohne Anschauung jeder Unterricht unvollkommen bleibt, diese alte pädagogische Weisheit mußte — nicht nur in der Hygiene — erst wieder neu gefunden werden. Auch das gehört zum Bild dieser an wissenschaftlichen Fortschritten so reichen, an allem Unmittelbaren und Lebendigen so armen Zeit.

Entscheidenden Anstoß hat die Ausgestaltung der hygienischen Anschauungsmittel durch K. A. LINGNER erfahren, dessen erfolgreiche Lebensarbeit auf diesem Gebiet durch die drei Etappen: Ausstellung „Die Volkskrankheiten und ihre Bekämpfung" (1903—1905), Internationale Hygieneausstellung (1911) und Deutsches Hygiene-Museum (ab 1912) gekennzeichnet ist. Die Beschäftigung mit der Desinfektion hatte ihn zur vorbeugenden Gesundheitspflege überhaupt geführt, und gewohnt, stets die Praxis mit der Theorie zu verbinden, war er bald auf die Unzulänglichkeit der bis dahin üblichen Belehrungsmethoden gestoßen. Das gesprochene und geschriebene Wort, das erkannte er mit dem unverbildeten Instinkt des Laien deutlicher als der Fachmann, geht dem an Denkarbeit nicht gewöhnten Mann aus dem Volk nicht leicht ein, wenn ihm der Inhalt nicht auch in anderer Weise sinnfällig klargemacht wird, und „gerade die Sozialhygiene gehört zu denjenigen Wissenschaften, die sich mit nachhaltigem Erfolg *abstrakt* nicht lehren und lernen lassen" (361).

Natürliche Anschauungsmittel.

Den besten Anschauungsunterricht bietet *das Leben* selbst, darum ist, wie oben schon berührt, der Unterricht in Säuglingspflege so besonders dankbar. Die Übungen in der Versorgung des Kindes, auch wenn sie nur am Modell ausgeführt werden, wirken durch die eigene Betätigung und durch die Körperlichkeit des Gegenstandes vielseitig auf die Sinne ein und sichern auch der mündlichen Erläuterung nachhaltigen Eindruck. Gerade um der Anschaulichkeit und der eigenen Erlebens willen ist auch die *Krankenpflege* und die *Erste Hilfe* wertvoll zur Anbahnung hygienischen Verständnisses.

Bei der Frage des Schulunterrichts in Gesundheitspflege haben wir gesehen, daß die *Beobachtung am eigenen Körper*, und wo sie nicht ausreicht, die vergleichende anatomische und biologische Betrachtung, der wissenschaftliche Versuch, die Erprobung selbstgefertigter Modelle die bevorzugtesten Mittel sind, um das Wesen physiologischer Vorgänge begreiflich zu machen. Apparate zu eigenhändiger Bedienung auch in Ausstellungen zu zeigen, ist LINGNERS besonderes Bestreben gewesen, nicht nur, weil er damit in den ermüdenden Lehrstoff angenehme Abwechslung bringen wollte, sondern auch, weil er sich der fördernden Wirkung eigener Betätigung und Beobachtung bewußt war.

Auch der unterrichtliche Wert von Präparaten und plastischen Nachbildungen (Trocken-, Formalin- und Spirituspräparaten, durchsichtigen Präparaten nach dem Verfahren von Prof. SPALTEHOLZ, Gips-, Wachs- und Papiermachémodellen) ist unbestritten, weil sie am meisten dazu beitragen, die unbestimmten Begriffe von den inneren Organen zu fester umrissenen Vorstellungen zu verdichten. Leider stößt die Beschaffung derselben, zumal für kleinere Schulen heute, oft auf unüberwindliche Schwierigkeiten, und auch LINGNERS großzügiger Plan, möglichst allen Schulen (zunächst in Sachsen) mustergültige Lehrmittel zugänglich zu machen, ist an den wirtschaftlichen Verhältnissen gescheitert. Erst neuere Verfahren, z. B. die Flachreliefprägung der Hochbildgesellschaft, München (Wenschow-Verfahren s. S. 66), werden diese Schwierigkeiten überwinden helfen.

Der eigentliche hygienische Unterricht kann sich, wie oben schon gezeigt, vielfach auch auf eigene Beobachtungen stützen, doch gestattet die Art des Stoffes, seine räumliche und zeitliche Verteilung nur gelegentlich und außerhalb der Schule bzw. des Vortrags einen unmittelbaren Anschauungsunterricht.

Bild, Wandtafel.

Diese Lücken werden vor allem durch das *Bild* ausgefüllt. Seine einfachste Form, die Kreidezeichnung an der Wandtafel, ist zugleich in gewissem Sinne die idealste, nicht nur, weil sie sich auf das Wesentliche beschränkt und sich restlos an die mündliche Erläuterung anpassen läßt, sondern auch, weil sie vor dem Auge des Lernenden entsteht, von ihm selbst miterlebt werden kann. In Gestalt der Trickzeichnung macht auch die Filmtechnik gern von diesem Mittel Gebrauch, das neben dem Reiz des Entstehensehens den Vorteil bietet, verwickelte Zusammenhänge, wie etwa bei Statistiken, durchsichtiger zu gestalten.

Von den beständigen Formen des Bildes ist das belehrende *Wandbild* das wichtigste. Anatomische Darstellungen des Skeletts, der Muskulatur und der inneren Organe gehören mit zum ältesten Rüstzeug des hygienischen Unterrichts. Zur Belehrung von Kindern, und nicht nur von diesen, sind die älteren Darstellungen nur bedingt brauchbar. Starke Schematisierung, drastische Farbengebung, wie überhaupt mangelhafte geschmackliche Ausführung rufen bei anatomischen Darstellungen leicht den Eindruck des Leichenhaften und des Schrecklichen hervor und verankern damit im Unterbewußtsein eine Abneigung gegen alles, was mit diesen Dingen zusammenhängt. Für die Darstellung krankhafter Vorgänge gilt dies natürlich erst recht; nur gelegentlich, z. B. bei den Geschlechtskrankheiten, kann eine gewisse abschreckende Wirkung neben der sachlichen Belehrung erwünscht sein.

Die Verbesserung der Darstellungsweise, verbunden mit unbedingter wissenschaftlicher Zuverlässigkeit, hat sich das *Deutsche Hygiene-Museum* besonders angelegen sein lassen. Nicht nur hat es mit Erfolg daran gearbeitet, durch Lebendigkeit und Plastik die anatomischen und pathologisch-anatomischen Darstellungen ihres schreckhaften Charakters zu entkleiden und bei aller Betonung des Wesentlichen doch den Gefahren der Schematisierung zu entgehen, sondern es hat sich auch sonst bemüht, durch sorgfältige Wahl der Bildgröße, der Farben, des Hintergrundes, der Schriftart und Schriftanordnung, bei zusammengesetzten Bildern auch durch gut abgewogene Raumverteilung den Tafeln eine möglichst geschlossene, künstlerisch, inhaltlich und technisch gleich befriedigende Form zu geben. Völlig Neues ist dabei u. a. in den lebensvollen, stark vergrößerten Darstellungen von Teilausschnitten innerer Organe geschaffen worden.

Die zu *Unterrichtssammlungen* vereinigten Wandtafeln des Deutschen Hygiene-Museums (s. S. 57), so z. B. die über Säuglingspflege und Tuberkulose, enthalten neben den anatomischen Darstellungen auch Bilder von hygienisch wichtigen Vorgängen aus dem Leben, wie sie für den eigentlichen Gesundheitsunterricht unentbehrlich sind. Auch für ihre planmäßige Verwendung hat LINGNER neue Wege gewiesen. Auf der Internationalen Hygieneausstellung Dresden 1911 fanden z. B. die aus dem Leben gegriffenen Bilder von unhygienischen Gewohnheiten, von der Körperpflege des Kindes und des Erwachsenen viel Beachtung und Beifall.

Heute sind Darstellungen dieser Art Gemeingut aller volkstümlichen Ausstellungen geworden und bilden die notwendige Ergänzung des rein wissenschaftlichen Stoffes. Besonders bewährt hat sich dabei die Gegenüberstellung richtigen und falschen Verhaltens. Durch drastische Kennzeichnung des Falschen muß nur dafür gesorgt sein, daß nicht die beiden Eindrücke mit dem gleichen Helligkeitswert ins Bewußtsein aufgenommen werden und damit später zu verhängnisvollen Verwechslungen Anlaß geben.

Anschauungsstoff dieser Art in handlicher Form enthält z. B. der Atlas von LANGSTEIN-ROTT (201), einfacher und weniger umfangreich gehalten, aber vorzüglich durchgearbeitet sind die Tafeln von ELISABETH BEHREND (170).

Als *Beigabe zu Büchern* entsprechen die üblichen Abbildungen anatomisch-hygienischen Inhalts leider nur selten den strengeren Anforderungen des Unterrichts. Als gut gelungen ist hier neben der „Gesundheitslehre in der Schule" von ADAM und LORENTZ (167) vor allem die „Anthropologie" von SCHNEIDER (230) zu nennen, dagegen gibt die Versinnbildlichung biologischer Vorgänge durch grob-mechanische Handlungen in Bildern, wie sie HANNS GÜNTHER in seinem schon erwähnten Buch (190) nach amerikanischem Muster, ebenso auch KAHN in seinem „Leben des Menschen" (196) verwendet, zu starken Bedenken Anlaß. Da die mechanischen Vorgänge dem Laien oft ebensowenig geläufig sind wie die biologischen und gerade das feine Zusammenspiel der Einzelvorgänge durch diese Vergröberung verlorengeht, sind derartige Darstellungen eher geeignet, den an sich so schwierigen Weg eines tieferen Erfassens des Lebensproblems zu verbauen, als ihn zu erschließen.

Plakat (Werbebild).

Nicht selten ist es notwendig, bedeutsame Tatsachen in bildlichen Darstellungen auf einfachere Linien zurückzuführen oder größere Tatsachenzusammenhänge zu symbolischem oder allegorischem Ausdruck zu bringen, um sie der breiten Bevölkerung nachdrücklichst einzuprägen. Am ausgesprochensten geschieht dies im Plakat, doch darf auch ein großer Teil der Abbildungen in Werbeschriften, Merkblättern usw. mit hierher gerechnet werden.

Das Mutterland neuzeitlicher Propagandatechnik, Amerika, hat auch dem hygienischen Plakat die weiteste Verbreitung gegeben. Der Grundsatz der Reklame bzw. der Propaganda, auffallende Eindrücke so geschickt und so häufig wirken zu lassen, daß sich kaum jemand ihrer suggestiven Kraft entziehen kann, hat sich z. B. in den Kämpfen für die Prohibition[1]) als außerordentlich wirksam erwiesen.

In je größeren Mengen freilich das Plakat auftritt — Plakatfeldzüge erfreuen sich in den Vereinigten Staaten besonderer Beliebtheit —, desto schwieriger wird es auch, Eintönigkeit zu vermeiden.

[1]) Vgl. dazu z. B. C. FR. STODDARD (368) und (237).

Als vorbildlich ist besonders auch die *holländische* Plakatkunst hervorzuheben. So sind die stilvollen Warnungsplakate des *Veiligheids-Museums* in Amsterdam über Unfallverhütung usw. überaus eindrucksvoll. Auch die von einer Faust gepackte Mücke auf dem Plakat [„Verdelgt Muggen“, herausgegeben vom Gesundheitsraad im Haag (s. Abb. 1)] ist in der Klarheit des Bildes, der Kürze des Schriftsatzes und der guten Raumverteilung als vorbildlich zu bezeichnen.

Abb. 1. Plakat, herausgegeben vom Holländischen Gesundheitsraad. Original in schwarz und rot. 50×75 cm (auch als Postkarte).

Rußland, dessen hygienische Belehrungsarbeit schon vor dem Kriege auf bemerkenswerter Höhe stand, hat in den letzten Jahren starke Anstrengungen gemacht, um mit Hilfe volkstümlicher Anschlagbilder vor allem der Seuchengefahr entgegenzutreten.

In *Deutschland* ist die Anwendung des Plakates für hygienische Zwecke durch die wirtschaftlichen Verhältnisse stark beeinträchtigt worden, doch hat z. B. die *Gesundheitswacht* (München) künstlerisch wertvolle Kunstblätter zur Bekämpfung des Alkoholismus, der Geschlechtskrankheiten, der Säuglingssterblichkeit nach Entwürfen von S. Springer herausgebracht. In einfacheren Formen bewegen sich die Unfallverhütungsbilder der Tiefbau-Berufsgenossenschaft, Berlin (242), die im Verlag von B. G. Teubner erschienenen Merkregeln für Eisenbahnbedienstete (208) u. a. m.

Durch ein Preisausschreiben hat die *Reichsarbeitsverwaltung* eine Reihe künstlerisch wertvoller Unfallverhütungsbilder gewonnen (210), die, wenn sie auch noch nicht allen Anforderungen entsprechen [Curschmann (177)], doch einen erheblichen Schritt vorwärts bedeuten [s. Abb. 2[1])].

In *Österreich* hat das Exekutiv-Komitee für die Säuglings- und Kleinkinderfürsorge-Aktion eine Reihe von Plakaten hauptsächlich zur Förderung der Säuglingspflege geschaffen, die mit zu den besten modernen Leistungen auf diesem Gebiet gehören. Mancher dieser Tafeln, deren wirkungsvollsten vom Deutschen Hygiene-Museum in zweiter Auflage herausgegeben worden sind, ist ein wohltuender humoristischer Einschlag gegeben worden, der ihrem Zweck, aufzuklären

[1]) Zu beziehen durch die Unfallverhütungsbild-G. m. b. H., Berlin W 9, Köthener Straße 37.

und aufzurütteln, sehr zugute kommt (s. Abb. 3). Auch in Italien, der Tschechoslowakei usw. hat das Rote Kreuz Wertvolles an Plakaten und Illustrationen hervorgebracht.

Das *Werbebild,* teils mehr als Schmuck und zur Anregung, teils zur Erläuterung dienend, spielt anderwärts schon in der Tagespresse eine weit größere Rolle als in den Ländern deutscher Zunge. In den Vereinigten Staaten z. B. er-

Abb. 2. Ein Beispiel aus den Plakaten der Unfallverhütungsbild-G. m. b. H.

freut es sich großer Beliebtheit und dank der Tätigkeit des Roten Kreuzes und der Rockefeller-Stiftung sind Proben dieser Darstellungskunst jetzt auch in Europa häufig zu finden. Meist zeichnen sie sich sowohl durch flüssige Zeichnung als auch durch geschickte Farbengebung aus. Auch hier bringt die in Amerika sehr beliebte Karikatur öfter eine humorvolle Note in lehrhafte Auseinandersetzungen. Daß auch anspruchsloser auftretende Zeichnungen ihre Wirkung nicht verfehlen, zeigen z. B. die Bilder von G. SCHAFFER, die A. THIELE seiner bekannten Schrift zur Bekämpfung der Schwindsucht (241) beigegeben hat. Die zu diesem Zweck meist verwendete Strichzeichnung — schwarz-weiß oder mit einfachen Farben getönt — hat vor dem Kunstdruck den Vorzug, daß sie das Wesentliche frei von störendem Beiwerk hervortreten läßt und die Verwendung geringeren Papiers gestattet. Noch einfacherer Mittel bedienen sich die Scherenschnitte, z. B. von G. PLISCHKE (218, 219) und das vom Arbeiter-Abstinentenbund (Wien) herausgegebene „Lustige A-B-C" in Schattenrissen (165). Auch dürfen die Radierungen nicht unerwähnt bleiben, die uns Künstler wie H. ZILLE (250) und KÄTHE KOLLWITZ geschenkt haben und die mit packender Wucht, zum Teil auch mit schmerzhafter Ironie, sozialhygienische Mißstände zur Anschauung bringen. Zu den modernen Mitteln der Propaganda gehört schließlich auch die Werbemarke (Wimmelmarke), die wegen ihrer Kleinheit nicht geringe Anforderungen an die Fähigkeiten des Künstlers stellt. Als glückliches Beispiel gibt die Abb. 4 eine der vom Chemnitzer Verein zur Bekämpfung der Schwindsucht herausgegebenen Marken wieder.

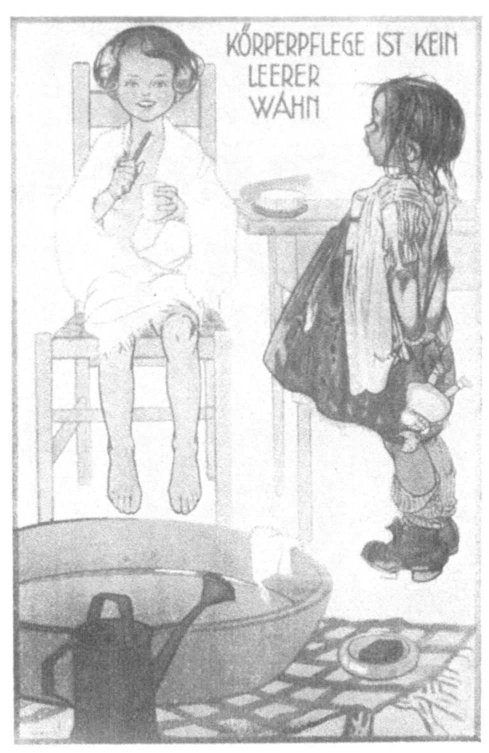

Abb. 3. Aus den Plakaten zur Säuglings- und Kleinkinderpflege, geschaffen vom Exekutivkomitee f. d. Säuglings- und Kleinkinderfürsorge-Aktion in Österreich. (Original farbig.)

Graphische Darstellungen.

Eine gewisse Sonderstellung unter den bildlichen Anschauungsmitteln nehmen die graphischen Darstellungen von Statistiken ein. In richtiger Einschätzung ihrer grundlegenden Bedeutung für die Sozialhygiene hat sich LINGNER schon bei seiner ersten Ausstellung 1903 eingehend mit ihr beschäftigt und im Anschluß daran ein besonderes statistisches Bureau gegründet, das unter der Leitung von E. ROESLE (bis 1912) die Darstellungsmethoden erst einmal auf eine sichere Grundlage gestellt hat (224).

Die graphische Darstellung bietet den Vorteil, daß sie durch den Verlauf einer Kurve, durch verschieden große Säulen, Flächen und dgl. den inneren Zusammenhang größerer Zahlenreihen und die Abhängigkeit statistischer Vorgänge von den auf sie einwirkenden Umständen mit einem Blick zu überschauen gestattet[1]). Die Darstellungsmöglichkeiten sind, wie z. B. Abb. 5 zeigt, außerordentlich vielseitig. Die Schwierigkeiten ihrer Verwendung liegen aber darin, daß der Laie sie nicht zu lesen gewohnt und daher auch nicht geneigt ist, sich in sie zu vertiefen. Ihr Wert als volkstümliches Anschauungsmittel ist deshalb geringer anzusetzen, und auf die Wahl der Darstellungsmethode, der Farben usw. ist zumal bei verwickelterem Ineinandergreifen verschiedener Tatsachenreihen größeres Gewicht zu legen, als dies im allgemeinen geschieht.

[1]) Graphische Darstellungen werden merkwürdigerweise gern als „Tabellen" bezeichnet. Unter dieser Bezeichnung versteht man aber eigentlich gerade das Gegenteil, nämlich Übersichten, die die *Zahlen als solche* (meist in Reihen angeordnet), *nicht* in *graphischer* Form, dargestellt enthalten.

Wo sich die Aufklärungsarbeit vorwiegend auf Statistiken stützen muß, wie in der Alkoholfrage, sind darum nicht geringe Schwierigkeiten zu überwinden.

Am leichtesten verständlich pflegt die Versinnbildlichung verschiedener Bevölkerungsgruppen, Warenmengen usw. durch entsprechend abgestufte Figuren zu sein, und daß sie auch künstlerischer Gestaltung zugänglich sind, beweisen z. B. die im Kaiserin Friedrich-Haus, Berlin, befindlichen Darstellungen aus der Pockenausstellung 1917. — In der Regel handelt es sich um linear verschiedene Größen; zwei- oder gar dreidimensionale bieten erfahrungsgemäß der Vergleichung Schwierigkeiten.

Abb. 4. Werbemarke des Vereins zur Bekämpfung der Schwindsucht in Chemnitz. Original in grün und blau auf weißem Grund, 3,5 × 5,2 cm. (Vergr. ca. 1 : 2).

Der ausgedehntesten Verwendung und vielseitigsten Gestaltung erfreuen sich graphisch-statistische Darstellungen wohl in den Vereinigten Staaten, vor allem hat die Prohibitionsbewegung manche neuen Wege eingeschlagen (237).

Dankbar ist endlich die graphische Darstellung auch zur Veranschaulichung mancher anatomisch-physiologischer Größenverhältnisse. So wurden z. B. auf der Internationalen Hygieneausstellung Dresden 1911 die Oberfläche der roten Blutkörperchen und die Arbeitsleistung des Herzens mit geläufigen Größen aus dem täglichen Leben in drastischen Vergleich gesetzt. Auch die Darstellung von Mengenverhältnissen in Gestalt von Prismen, Zylindern u. dgl., für die die Ausstellung „Der Mensch" des Deutschen Hygiene-Museums eine ganze Reihe von Beispielen enthält, ist hier mit einzurechnen.

Lichtbild (Diapositiv).

Wo es darauf ankommt, gleichzeitig einem größeren Personenkreis Bilder bis in alle Einzelheiten deutlich zu zeigen, ist das *Glaslichtbild* (*Diapositiv*) an seinem Platz. In der Schule und Hochschule, wie im freien Volksbildungswesen hat es sich längst einen festen Platz gesichert, für populär-hygienische Zwecke ist aber seine Verwendung durch den Mangel an geeigneten Unterlagen lange Zeit gehemmt gewesen. Es fanden darum und finden noch heute vielfach technisch mangelhafte Bilder, z. B. nach gedruckten Vorlagen angefertigt, Verwendung, die bei der starken Vergrößerung auf der Leinwand infolge des Rasters die erforderliche Deutlichkeit und Geschlossenheit vermissen lassen. Auf Klarheit und Einfachheit ist aber besonderes Gewicht zu legen, weil das Bild immer nur recht kurze Zeit der Besichtigung zugänglich sein kann.

Seit Ende 1919 hat das Deutsche Hygiene-Museum seine in ähnlichem Umfang wohl nirgends anzutreffenden Schätze an Anschauungsmitteln diesem Zweck nutzbar gemacht und eine Lichtbildstelle eingerichtet, die bis Ende Mai 1925 113 023 Lichtbilder verliehen hat. Die umstehende graphische Darstellung (Abb. 6) zeigt nicht nur das starke Bedürfnis nach derartigem Anschauungsmaterial in der raschen Zunahme der Ausleihziffern und den Einfluß der wirtschaftlichen Not im Jahre 1923, sondern auch die Grenzen, die der Anwendung des Lichtbildes durch die Jahreszeit gezogen werden. Der Hauptgipfel der Entleihungskurve liegt in jedem Jahre im November bzw. Januar-Februar, während sie in den Sommermonaten auf niedrigste Werte herabsinkt.

Abb. 5. Illustrationsbeispiel aus Fetscher, Grundzüge der Rassenhygiene (181). (Aus dem Deutschen Hygiene-Museum.)

Mehr als andere Anschauungsmittel bedarf das Lichtbild einer guten Erläuterung. Im allgemeinen empfiehlt es sich, den zugehörigen Vortrag entweder als Ganzes *vor* den Lichtbildern zu halten oder mehrere Abschnitte des Vortrages und der Bilder miteinander abwechseln zu lassen.

Die Verteilung der Bilder über den ganzen Vortrag ermüdet dagegen stark, und das gesprochene Wort kommt dann gegenüber den Gesichtseindrücken nicht genug zur Geltung. Mehr als 40—50 Bilder sollen im allgemeinen bei einem Vortrag nicht vorgeführt werden, dabei ist mit der Verwendung von komplizierteren Darstellungen, besonders von Statistiken, sehr sparsam zu verfahren[1]).

[1]) Die üblichen Lichtbildreihen, z. B. auch die des Deutschen Hygiene-Museums, bieten meist eine größere Auswahl, um den sehr verschiedenen Wünschen der Vortragenden gerecht werden zu können. Für Schulen haben sich 12—20 Bilder als zweckmäßigste Begrenzung erwiesen.

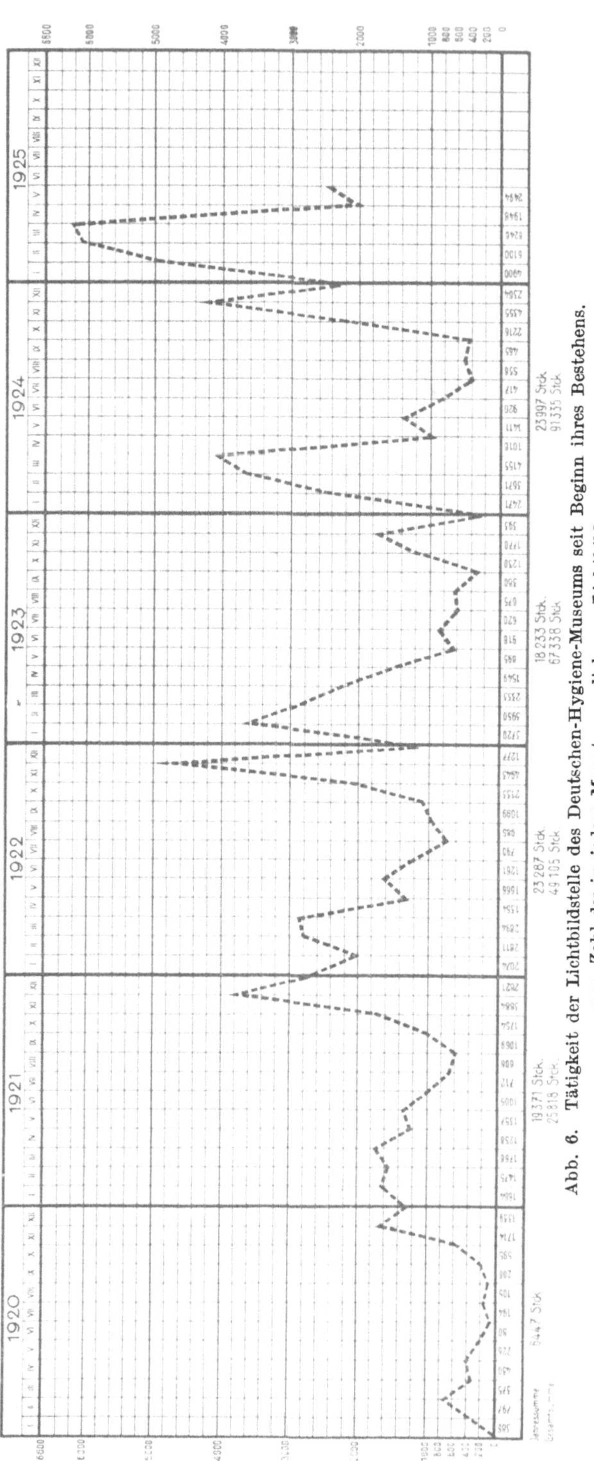

Abb. 6. Tätigkeit der Lichtbildstelle des Deutschen-Hygiene-Museums seit Beginn ihres Bestehens.
▪▪▪ Zahl der in jedem Monat ausgeliehenen Lichtbilder.

An sich zwingt wohl das helle Bild im dunklen Raum und der Wegfall aller ablenkenden Nebensächlichkeiten zu gespannter Aufmerksamkeit, doch sind Massenvorführungen von 80—100 und mehr Bildern, wie sie häufig genug vorkommen, geeignet, den Zuschauer schließlich völlig abzustumpfen und in seiner Erinnerung nur einen undeutlichen Eindruck zu hinterlassen.

Dringend zu warnen ist davor, einen fertig ausgearbeiteten Vortrag zur Erläuterung der Bilder vorzulesen. Die bei der Verdunkelung des Raumes ohnehin verminderte Fühlung zwischen Vortragendem und Hörern geht dabei völlig verloren. Das Deutsche Hygiene-Museum hat deshalb die Erläuterungen zu seinen Lichtbildreihen absichtlich so gehalten, daß sie nicht einen *Vortrag*, sondern eben eine *Erläuterung* der Bilder darstellen (s. dazu S. 35/36).

Die Vorführungstechnik darf im allgemeinen als bekannt vorausgesetzt werden. Eine vorzügliche kurze Einführung dazu bietet z. B. das kleine Handbuch von Benzinger und Schürmann (276). Die Formate der Bilder sind in den einzelnen Ländern verschieden. Während z. B. in England das quadratische Format 8,4 × 8,4 cm vorherrscht, hat sich bei uns das rechteckige, 8,5 × 10, durchgesetzt, vor allem, weil dabei die Bildfläche am vorteilhaftesten ausgenutzt und die beste bildmäßige Wirkung erzielt wird. — Das farbige Lichtbild wird vielfach dem einfarbigen vorgezogen. Da Lumière-Bilder unerschwinglich teuer sind und auch andere neuere Verfahren (z. B. Uvachrom) nur sehr beschränkte Verwendbarkeit besitzen, kommen praktisch nur handkolorierte Diapositive in Frage. Aus technischen Gründen bleibt aber bei diesen die Farbengebung meist eine mangelhafte, ganz abgesehen davon, daß die Projektionslampen die Farben nicht immer richtig wiederzugeben gestatten. In der Regel ist daher das gewöhnliche einfarbige Bild vorzuziehen. Einfache Zeichnungen und Statistiken, auch Schattenrisse, lassen sich mit Glastinte auf gewöhnliches Glas oder mit Tusche auf Gelatineplatten auftragen. Auch an kleineren Orten kann damit besonderen örtlichen Bedürfnissen Rechnung getragen werden. Bei Zuhilfenahme von Gelatineplatten lassen sich selbst hochkünstlerische Wirkungen erzielen (284). Um Verdunkelungseinrichtungen entbehrlich zu machen, werden neuerdings Tageslicht-Projektionsschirme hergestellt. Allgemeinerer Einführung steht vorläufig entgegen, daß sie meist auf Durchprojektion eingerichtet sind und zu starke Lichtquellen verlangen.

Um die Vorteile des Lichtbilds auch da ausnutzen zu können, wo ein größerer Projektionsapparat oder ein geeigneter Anschluß fehlt oder wo der Transport Schwierigkeiten macht, werden neuerdings, in größerem Umfang zuerst vom Evangelischen Filmdienst, für hygienische Zwecke besonders vom Deutschen Hygiene-Museum, Lichtbildreihen auf gewöhnliche Filmstreifen aufgenommen, die mit kleinen, ungemein handlichen Bildwerfern unter Benutzung eines einfachen Steckkontaktes vorgeführt werden können. Für die Belehrungsarbeit auf dem Land sind diese billigen, leicht zu befördernden und zu bedienenden Hilfsmittel von großem Wert, allerdings reichen sie nur für einen kleinen Zuschauerkreis aus. — Die auf Gelatinefolien hergestellten glaslosen Diapositive, vervielfältigt durch Druck, wie sie der Feinak-Diapositiv-Verlag herausbringt (s. S. 66), sind nur insoweit brauchbar, als Strichzeichnungen, nicht Autotypien (Raster!), zugrunde gelegt sind.

Film (Laufbild).

Allen bildlichen Darstellungen ist der Film darin überlegen, daß er nicht nur einen Teilausschnitt aus einer Ereignisreihe festhält, sondern daß er den Vorgang selbst vor dem Auge des Beschauers ablaufen läßt und damit in eine sonst unerreichbare Erlebnisnähe rückt. Eng neben diesem Vorzug liegen aber die Gefahren: bei dramatischen Darstellungen läßt das mühelose Miterleben von Ereignissen, meist aus anderen sozialen Lebensverhältnissen, dieses Erleben zum Erlebnisersatz werden und vermag die Stellung, zumal des jugendlichen, ungefestigten Menschen zu Welt und Leben in bedenklicher Weise zu verschieben und zu erschüttern. Während sich aber dieser Einwand in erster Linie gegen den landläufigen Kinobetrieb richtet und deshalb hier beiseitegelassen werden kann, erfordert ein zweiter in der Volksbildungsarbeit um so mehr Beachtung: das rasche Vorübergleiten der Vorgänge macht eigene Beobachtung und Vertiefung in Einzelheiten unmöglich und führt, zumal bei häufigeren Vorführungen, zu Flüchtigkeit und Oberflächlichkeit in der Beobachtung und gedanklichen Verarbeitung.

Wenn trotzdem die Streitfrage, ob der Film für die Volksbildungsarbeit brauchbar ist, heute zu seinen Gunsten entschieden ist, so doch nicht ohne gewisse Vorbehalte. Unter keinen Umständen kann der Film die Vorherrschaft vor allen anderen Lehrmitteln beanspruchen, sondern von Fall zu Fall ist zu entscheiden, ob er anderen Mitteln überlegen, gleichwertig oder unterlegen ist [KALBUS (279)]. Stets aber wird er sich nur als *eines* von vielen Gliedern in die Gesamtarbeit einzufügen haben.

Strittig ist zunächst noch die geeignetste Form. Auf der einen Seite steht der Lehrfilm (wissenschaftlicher Fachfilm), auf der anderen der Volksbelehrungs- oder Aufklärungsfilm. Der erstere dient [nach SCHWEISHEIMER (289)] Unterrichtszwecken, z. B. in medizinischen Vorlesungen, und bringt daher den Stoff vollständig und logisch geordnet unter Verzicht auf schmückendes Beiwerk.

Von dem Aufklärungsfilm, der nicht mit Sensations-„Aufklärungs"-Filmen zusammengeworfen werden darf, verlangt SCHWEISHEIMER, daß er dem Zuschauer vor allem einen allgemeinen Eindruck vermittelt, ihn auf die Frage hinstößt, erschüttert und packt. Dazu erscheint die dramatische Form besser geeignet als trockene Sachlichkeit, die das Mitgehen erschwert. Gerade das kinogewöhnte und -verwöhnte Publikum will sein Schaubedürfnis befriedigt sehen und wendet sich dann leicht gelangweilt von den üblichen lehrhaften Filmen ab.

Wenn man auch diesen Forderungen im ganzen zustimmen kann, so bedürfen sie doch einer Erweiterung. Die in den letzten Jahren geschaffenen medizinisch-hygienischen Filme stehen meist in der Mitte zwischen den beiden Typen und das hat sich im allgemeinen bewährt, nur muß sich die Lehrweise dem Auffassungsvermögen des Volkes noch besser anpassen. Vor allem sind die Filme meist zu lang, ferner müßte neben dem Arzt und dem Filmregisseur auch häufiger der Pädagoge zur Ausarbeitung herangezogen werden. Meist sind die Filme mit wissenschaftlich interessanten Einzelheiten überladen, die dem Laien unverständlich bleiben. Zumal wenn sie nur im losen Zusammenhang zum Hauptthema stehen, verdunkeln sie den Grundgedanken des Ganzen mehr, als daß sie ihn erhellen, ganz abgesehen davon, daß sie für den Laien oft genug etwas Unsympathisches an sich haben. So nimmt z. B. allerhand Laboratoriumsarbeit, Schilderungen von Krankenhauseinrichtungen, Behandlungsmaßregeln — kurz das *Medizinische* — in der Regel einen breiten Raum ein, dagegen fehlt gerade das, woran der Zuschauer seine Erfahrungen und seine Vorstellungen anknüpfen, wodurch er zur eigenen Betätigung in der Gesundheitspflege hingeleitet werden kann. Der schönsten Flaschenspülmaschine oder sonstwelchen technischen Einrichtungen, z. B. in einem Säuglingskrankenhaus, wird die Frau aus dem Arbeiterstand oder vom Lande hilflos gegenüberstehen, während die Zubereitung der Säuglingsmilch unter den einfacheren Verhältnissen des Haushalts gezeigt, sofort verwandte Saiten in ihr anklingen läßt, sie zum Nachdenken und Nachmachen anregt. Ebenso kann selbst die Vorführung der einfachen Handgriffe aus der Säuglingspflege im Bild durch eine Schwester anstatt durch die Mutter der Frau aus dem Volke den Zugang zu dem wesentlichsten Inhalt verschließen. Ein großer Teil der Kinowirkung beruht ja gerade auf dem Hineinfühlen in die handelnden Personen und ist auch im Lehrfilm nicht zu entbehren. Im vorliegenden Fall glaubt die ungebildete Frau leicht, daß hinter dem, was die Schwester vorführt oder was in mustergültigen Anstaltseinrichtungen gezeigt wird, etwas für sie immer Unerreichbares, Besonderes steckt, und dadurch wird leicht auch das aufkeimende Interesse erstickt.

Die *Gefühlsbetonung* der Vorgänge auf der Leinwand wird großenteils vom Stoff selbst bestimmt. So bedingt die Schilderung von Krankheiten ohne weiteres eine ernstere Färbung, die zur Vertiefung des Eindrucks gelegentlich auch dick aufgetragen werden darf. Die *vorbeugende Gesundheitspflege* aber muß, wenn sie offene Herzen finden soll, als frisch-fröhliches Tun vorgeführt werden und muß darum auch den Humor kräftig zur Geltung kommen lassen. Köstliche Szenen führt z. B. DOHRN-Hannover in seinem Film „Malchen, die Unschuld vom Lande" vor (s. S. 65), und ebenso hat TUGENDREICH die Gesundheitspflege im häuslichen Leben in Bilder von wirksamer Komik gebracht, die durch Gegenüberstellung von Richtigem und Falschem noch besonders gewinnen (s. S. 46). Nach Jahr und Tag noch stehen derart positiv-gefühlsbetonte Erlebnisse in der Erinnerung und wirken sich infolgedessen lebendiger aus als die gelehrteste Vorführung.

Der sachliche Inhalt braucht darüber nicht zu kurz zu kommen. DOHRN selbst pflegt die Vorführungen mit einem kurzen Vortrag einzuleiten, der an der Hand von Lichtbildern die im Film behandelten Hauptfragen der Gesundheitspflege erläutert (s. S. 65). Da ein wiederholter Ablauf höchstens bei kurzen Bildstreifen in der Schule möglich ist, und da auch der schwer entflammbare Film, der in Verbindung mit Stillstandsvorrichtungen eine ruhigere Betrachtung von Einzelheiten ermöglicht, noch nicht zu der wünschenswerten Vollkommenheit gediehen ist, empfiehlt sich dieses Verfahren zu allgemeinerer Anwendung. Nach Möglichkeit, vor allem bei Schülervorführungen, ist eine noch eingehendere Behandlung des Stoffes *vor* der Kinovorführung wünschenswert. Ebenso darf die *Nacharbeit* zur Vertiefung des Gesehenen nicht vergessen werden. Selten, z. B. bei den als Beiprogramm einzuschiebenden kurzen ,,Schwanzfilmen", wie sie unter Dr. NEUSTÄTTER vom Reichsausschuß für hygienische Volksbelehrung gemeinsam mit der Deutschen Lichtbildgesellschaft in Angriff genommen worden sind (s. S. 66), ist der Inhalt ohne weitere Erläuterung verständlich. Im allgemeinen soll aber kein der Belehrung dienender Film ohne Begleitvortrag ablaufen. Außer zur Einleitung und zur schärferen Herausarbeitung des Gedankenganges ist das gesprochene Wort unentbehrlich, um die Darstellung je nach den örtlichen und zeitlichen Umständen zu ergänzen.

Die Literatur über Filme und Filmtechnik ist unübersehbar groß geworden. Näheres darüber enthalten z. B. die Schriften von KALBUS (279), LAMPE (283), SCHWEISHEIMER (289) und WEISER (290).

Die Herstellung von *Lehrfilmen*, deren Kosten nicht durch Massenvorführungen in den Kinos gedeckt werden können, erfolgt im Ausland, z. B. in Amerika, gewöhnlich auf Staatskosten. Solange dies bei uns nicht möglich ist, erfordert sie eine große Opferbereitschaft der herstellenden Firmen, so daß ihre Bemühungen auch da der Unterstützung bedürfen, wo noch nicht alle berechtigten Wünsche erfüllt werden können. Die Kostenfrage bereitet der Verbreitung selbst hochbegehrter Bildstreifen und der Anschaffung von Apparaten vorläufig unüberwindliche Schwierigkeiten. Organisationen, die sich, wie früher die Gesellschaft für Volksbildung mit ihren Wanderkinos, in neuerer Zeit der Bilderbühnenbund deutscher Städte (Berlin N 21, Bochumer Str. 8) mit seinem Zentralschulfilmarchiv und wie die in verschiedenen Ländern bzw. Provinzen begründeten Lichtbild- und Filmstellen um die ausgiebigere Verwendung des Films bemühen, können daher im Vergleich zum Ausland (s. z. B. Volkskino Bern, S. 69) auf unserem Sondergebiet wenigstens nur eine bescheidene Tätigkeit entfalten.

Bühne.

Die Bühne als ,,moralische Anstalt" kann sich der Mitwirkung an der hygienischen Volksbildung ebenfalls nicht ganz entziehen, doch wird sie sich im wesentlichen auf gefühlsmäßige Beeinflussung der Zuschauer beschränken müssen. Immerhin gibt es auch belehrende Tendenzstücke, wie ,,Die Schiffbrüchigen" von BRIEUX, die der naheliegenden Gefahr der Geschmacklosigkeit und des Kitsches zu entgehen wissen. Die Zugkraft der *volkstümlichen Theaterformen* zielbewußt in den Dienst der Sache zu stellen, wird neuerdings verschiedentlich versucht, z. B. bedient man sich in Amerika des Marionetten- und Kasperletheaters (s. S. 78), in Rußland (s. S. 74) und Jugoslawien (s. S. 73) des grobgezimmerten Volksstücks mit feststehenden Typen, die durch solche hygienischen Charaktere erweitert werden und zur Verbreitung einfacher hygienischer Wahrheiten in Spruchform u. dgl. benutzt werden können. — In München hat SEIFFERT (151) nach amerikanischem Muster Kasperlespiele durch und für Volksschüler aufzunehmen begonnen, in denen z. B. die Notwendigkeit der Zahnpflege drastisch dargestellt wird und die dann durch Unterricht in allen Klassen, Aufsätze usw. weiter ausgewertet werden. In gleichem Sinn bemüht sich auch das Österreichische Jugendrotkreuz (186).

In Gestalt der Wanderbühne auf Messen und Märkten kann mit Vorführungen dieser Art gerade unter der ländlichen Bevölkerung viel Gutes getan werden. Stets kann aber die Bühne die eigentliche Belehrung nur *einleiten*, nicht selbst *vermitteln* und ist daher nur im Zusammenhang mit sonstiger Belehrungsarbeit für diesen Zweck brauchbar[1]).

Ausstellungen.

Entwicklung des hygienischen Ausstellungswesens.

Seit der Entwicklung der neuzeitlichen Industrie und des Verkehrswesens gehört der gegenständliche Anschauungsunterricht durch Ausstellungen zu den gewohnten Erscheinungen des öffentlichen Lebens. Hygienischen Ausstellungen begegnen wir schon in der Zeit der wissenschaftlichen Hygiene, doch tragen sie, wie z. B. die Berliner Hygiene-Ausstellung 1883, durchaus wissenschaftlich-akademischen bzw. wirtschaftlich-technischen Charakter. Erst nach der Jahrhundertwende hat LINGNER begonnen, zur Belehrung von Laienkreisen besondere Veranstaltungen dieser Art zu treffen. Mit der schon mehrfach genannten Ausstellung „Die Volkskrankheiten und ihre Bekämpfung", die er in Verbindung mit dem „Deutschen Verein für Volkshygiene" zuerst auf der Deutschen Städteausstellung Dresden 1903 zeigte, erbrachte er den Beweis, daß Belehrung auf diesem Wege möglich ist, und daß Laien damit für die hygienische Aufklärungsarbeit zu gewinnen sind. Die klar durchdachten Grundsätze, die er der Ausstellung zugrunde legte (362), haben sich in allem Wesentlichen als richtig erwiesen und sind für alle späteren Unternehmungen dieser Art bestimmend geworden.

Anschauung an Stelle abstrakter Belehrung zu setzen, dabei aber durch möglichste Abwechslung und Vielseitigkeit vorzeitiger Ermüdung vorzubeugen, war für LINGNER der leitende Gedanke. Darum zeigte er in der genannten Ausstellung neben einfachen graphischen Darstellungen und Bildern, Wachsabgüssen und natürlichen Präparaten von Krankheitserscheinungen auch Bakterienpräparate in 80 Mikroskopen; Bakterienkulturen dienten dazu, die Wuchsformen und die Einwirkungen von Chemikalien, Licht usw. auf das Wachstum zu zeigen. Unter das wissenschaftliche Material wurden „interessante Kuriosa", z. B. historischer Art, eingestreut und durch künstlerische Ausschmückung des Raumes Ruhepunkte für das Auge geschaffen. Eine Tat darf es auch genannt werden, daß hier zum ersten Male die Geschlechtskrankheiten in aller Öffentlichkeit dargestellt wurden. Die Ausstellung war in Dresden, München, Frankfurt und Kiel, wo sie in den nächsten Jahren gezeigt wurde, das Ziel von Hunderttausenden. Die günstige Aufnahme, die ihr in Ärzte- und Laienkreisen zuteil wurde (344, 358), gab LINGNER den Anstoß zu weiteren Arbeiten auf diesem Gebiet, die ihren sichtbaren Ausdruck in der *Internationalen Hygiene-Ausstellung 1911* fanden. Es ist unmöglich, hier der Bedeutung dieser Weltschau der Gesundheitspflege voll gerecht zu werden. Der Vielseitigkeit und Neuartigkeit der Anschauungsmittel, der grundsätzlichen Voranstellung des Menschen als des Mittelpunktes der Gesundheitspflege, des Bestrebens, den einzelnen zur eigenen Betätigung zu erziehen, ist schon an anderer Stelle gedacht. Nicht weniger als 5 000 000 Besucher wurden gezählt[2]). Obwohl auch die Mängel des gewaltigen Unternehmens nicht übersehen werden dürfen, so z. B. die mangelhafte Berücksichtigung des seelischen Menschen, die Überfülle des Gebotenen usw.

---

[1]) Die tendenziöse Bearbeitung anerkannter Kunstwerke, wie IBSENS „Gespenster" oder GERHART HAUPTMANNS „Weber" oder „Vor Sonnenaufgang" und ihre rationalistische Auswertung z. B. durch nebenhergehende Ausstellungen, wie sie STRASCHUN (68) für zulässig hält, wird mit Recht bei uns Ablehnung finden.

[2]) Der Kernteil „Der Mensch" konnte später in Genua und in Darmstadt unter regster Beteiligung der Bevölkerung nochmals gezeigt werden. Auf den Erfahrungen von 1911 weiter bauend, hat der Mitarbeiter LINGNERS Dr. INGELFINGER in Stuttgart 1914 eine Ausstellung für Gesundheitspflege geschaffen, der nur infolge des Kriegsausbruchs ausgiebigere Wirkung versagt geblieben ist (338).

[A. Fischer (348)], die zwiespältige Behandlung der Alkoholfrage u. a. m., so hat es doch nicht nur dem hygienischen Ausstellungswesen, sondern der hygienischen Volksbelehrung überhaupt entscheidenden Antrieb gegeben. Nicht zuletzt ist ihm ja auch die Gründung des Deutschen Hygiene-Museums zu verdanken, das ihr Erbe zu pflegen und auszubauen berufen ist.

Organisationsfragen.

Unter den üblichen hygienischen Ausstellungen lassen sich, allerdings ohne scharfe Grenze, nach Größe und Wirkungskreis unterscheiden:

1. Wanderausstellungen verschiedener Größe (für Groß- und Mittelstädte, kleine Städte und Land);
2. ortsfeste Dauerausstellungen (Museen);
3. Ausstellungen von vorübergehender Bedeutung, meist mit starkem örtlichen Einschlag, öfter auch nur als Teil einer nicht hygienischen Ausstellung.

Der größte und wichtigste Teil der Arbeit wird von den beweglichen *Wanderausstellungen* geleistet, weil sie an die größte Zahl von Menschen herankommen, denen keine oder wenig andere Belehrungsmöglichkeiten zur Verfügung stehen. Meist haben sie Teilgebiete der Hygiene, z. B. Säuglingspflege, Geschlechtskrankheiten, Tuberkulose, Alkoholismus zum Gegenstand. Für mittlere und kleine Städte haben sich Ausstellungen, die etwa eine Turnhalle von 150—200 qm Bodenfläche füllen, als gangbarste Größe erwiesen, für Großstädte kommen selten mehr als 350—400 qm in Frage, für das Land wird man den Umfang von 1—2 Schulzimmern zugrunde legen[1]).

Das Material muß rasch eingepackt und ausgepackt und leicht befördert werden können. Je kleiner die Sammlung, desto einfacher muß die Handhabung sein. Verschließbare Kisten, bei größeren Ausstellungen auch zusammenlegbare Stellwände und Tische sind dazu unentbehrlich. Bilder werden, wenn sie nicht rasch unansehnlich werden sollen, am besten auf Pappe aufgezogen und mit leichtem Rahmen versehen, höchstens noch auf Leinwand aufgezogen und auf Stab gerollt. Dagegen hat sich Verglasung wegen Gewicht und Bruchgefahr für Ausstellungen mit häufigerem Ortswechsel nicht bewährt. Schwierigkeiten im Hinblick auf die Kostendeckung macht gewöhnlich die Frage der Beförderung und der Begleitung. Die einfachste Lösung ist gegeben, wenn das Ausstellungsgut in einem Eisenbahnwagen (zugleich auch Ausstellungsraum) oder in einem Auto oder Wagen befördert wird, in dem auch der Ausstellungsleiter Unterkunft findet. Erstere Form ist z. B. in Rußland, den Vereinigten Staaten und Holland, letztere u. a. in der bayrischen Pfalz (353) angewendet worden. Seiffert (63) hat auch den glücklichen Gedanken ausgesprochen, Zeltmuseen auf Jahrmärkten usw. zu zeigen und damit den üblichen anatomischen Schaubuden Abbruch zu tun.

Ob ein Begleiter notwendig ist, richtet sich nach der Größe und der jeweiligen Dauer der Ausstellung, dem Umfang des zu bereisenden Gebietes bzw. nach dem Besitzer und Träger der Ausstellung. Für kleinere Landausstellungen, die meist Kreisbehörden u. dgl. gehören, immer nur 1—2 Tage stehen bleiben und nur kurze Strecken zurückzulegen haben, genügt vielfach die Betreuung durch eine Fürsorgerin, für größere, die, wie die Säuglingsausstellungen auch mehr laufende Arbeit durch Kurse und Führungen erfordern, ist ständige Begleitung unentbehrlich. Andernfalls gehen wertvolle Erfahrungen immer wieder verloren, auch leidet das Ausstellungsgut mehr, als wenn immer dieselbe Person dafür verantwortlich ist. Bei den Ausstellungen des Deutschen Hygiene-Museums übernehmen die Städte außer einer gewissen bescheidenen Garantiesumme meist die Sorge für Raum, Reinigung, evtl. Heizung und Beleuchtung sowie die Beförderung und stellen Hilfskräfte für Auf- und Abbau. Auch die Unterbringung und Verpflegung des Ausstellungsbegleiters wird in der Regel mit übernommen. Die sonstigen Kosten für Instandhaltung, Bekanntmachungen usw. müssen durch Eintrittsgelder gedeckt werden. *Kostenloser Eintritt*, wie er früher meist üblich war, ist schon aus erzieherischen Gründen nicht zu empfehlen. Durch Ermäßigung für Schulkinder, Krankenkassen, Gewerkschaften usw. kann der wirtschaftlichen Leistungsfähigkeit im einzelnen

---

[1]) Als kleinste Einheiten sind die (durch Druck vervielfältigten) Unterrichtssammlungen des Deutschen Hygiene-Museums besonders brauchbar, weil sie auch jede beliebige Zusammenstellung zu größeren Ausstellungen gestatten und sich leicht verpacken lassen. Auch zum allmählichen Aufbau örtlicher Museen (s. S. 58) haben sie sich bereits gut bewährt.

genügend Rechnung getragen werden. Weitere Winke zur Veranstaltung von Ausstellungen finden sich unter anderem bei BURCKHARDT (343), KATZ (356) und WEZEL (376).

Zahl und Art solcher Ausstellungen kleineren und größeren Umfangs ist eine recht erhebliche, wenn auch durch den Krieg viele zum Erliegen gekommen sind. So waren früher im Deutschen Reiche allein 16 Tuberkulose-Ausstellungen vorhanden, daneben eine Reihe von Säuglings-, Alkoholausstellungen usw. Nach Inhalt und äußerer Form sind sie sehr verschieden zu bewerten. Die Schwierigkeiten, das Material z. B. an Statistiken auf dem laufenden und auch äußerlich instand zu halten, sind immer größer geworden. Daneben haben auch nicht immer die pädagogischen und technischen Erfahrungen der neueren Zeit genügende Beachtung gefunden. Wenn irgendwo, dann wäre hier zentrale Herstellung und Bearbeitung nach einheitlichen Gesichtspunkten wünschenswert und durchführbar. Über die größten Erfahrungen auf diesem Gebiete verfügt gegenwärtig wohl das Deutsche Hygiene-Museum, das in den Jahren nach dem Kriege zeitweise bis zu 10 Ausstellungen verschiedener Größe gleichzeitig laufen hatte und auch für ausländische Staaten eine ganze Anzahl Sammlungen hergestellt hat. Von 1919—1922 wurden diese Ausstellungen im Deutschen Reich an 270 Orten von rund $2^1/_2$ Millionen Personen besucht, außerdem nahmen noch über 45 000 Frauen und Mädchen an Kursen teil, die in Verbindung mit den Säuglingsausstellungen abgehalten wurden. Im Ausland wurden in der gleichen Zeit bei einer Reihe von Ausstellungen noch 350 000 Besucher gezählt (339, 368). Nach völliger Unterbrechung durch das Inflationsjahr 1923 konnte erst im Laufe des Jahres 1924 die Ausstellungstätigkeit wieder aufgenommen werden.

Ständige hygienische Ausstellungen größeren Umfangs (Museen) sind heute, wenigstens in Europa, noch verhältnismäßig selten (s. Anhang), obwohl ihre Notwendigkeit überall anerkannt wird [KOENEN (357), SCHAEFFER (367), MARCUSE (364), MINDT (365)]. Eher beginnen kleinere Städte, sich kleine Museen einzurichten [z. B. Bunzlau (341)][1]. Die Zahl der *vorübergehenden* Ausstellungen ist eine unübersehbar große geworden. Als besonders erfreulich ist zu verbuchen, daß die Berücksichtigung hygienischer Fragen im Rahmen allgemeinerer Ausstellungen industriellen und kulturellen Inhalts heute fast zur Selbstverständlichkeit geworden ist.

Bei uns zuerst von alkoholgegnerischer Seite verwendete Ausstellungsformen, die unter das Publikum gehen, statt auf seinen Besuch zu warten, sind die *Schaufensterausstellungen* in leerstehenden Läden und, z. B. in den Vereinigten Staaten, die *fliegende Ausstellung*, die, aus wenigen zugkräftigen Plakaten bestehend, schnell auf der Straße, in Fabriken usw. aufgebaut werden kann. Auch in ihrem Inhalt öfter wechselnde Schaukastenausstellungen sind mit Erfolg versucht worden [FLAIG (349)]. Der Holländische Verein enthaltsamer Eisenbahner hat neben einem Eisenbahn-Ausstellungswagen auch einen „Perronwagen" zu Werbezwecken verwendet.

Der Ausstellungsinhalt und seine Auswertung.

Ausstellungen sind dazu bestimmt, einer größeren Anzahl von Menschen in kurzer Zeit eindringlichsten Anschauungsunterricht zu erteilen. Im Verein mit den sonstigen Aufklärungsmitteln Wort und Schrift, Lichtbild und Film stellen sie eine Art „Massenangriff auf die Unkenntnis des Volkes" dar [FISCHER-DEFOY (19)]. Der Erfolg hängt einmal von dem Inhalt selbst ab, dann aber auch von der Art, in der er nutzbar gemacht wird. Einfach und klar, dabei in der Aufmachung ansprechend, müssen diese Darstellungen sein. Je kürzere Zeit die Ausstellung an einem Ort stehenbleibt, desto weniger darf sich die Belehrung auf Einzelheiten erstrecken, ohne deshalb an wissenschaftlicher Zuverlässigkeit zu verlieren. Auch da, wo wie in Museen mit einem wiederholten längeren Besuch

[1]) Auf Organisation und Technik der Museen, wie sie in jüngster Zeit WILHELMI (377) eingehender behandelt hat, kann hier aus Raumgründen nicht näher eingegangen werden.

gerechnet werden kann, wo also eine eingehendere Darstellung Platz greifen darf, ist eine Häufung ähnlicher Ausstellungsgegenstände, wie von Wachsabgüssen und von Statistiken, zu vermeiden, wie überhaupt die *Gefahr des Zuviel* hier schärfer als irgendwo anders im Auge behalten werden muß. — In der Regel soll jede Ausstellung für sich allein ohne mündliche Erklärung verständlich sein. Kurze, klare, schriftliche Erläuterungen der Ausstellungsgegenstände sind dabei notwendig, eine Aufgabe, die ein nicht geringes Maß von Sprachgefühl, pädagogischem Verständnis und Erfahrung erfordert. — Je nach Möglichkeit sind unter die sachlichen Stoffe auch das Gemüt ansprechende Darstellungen einzustreuen, nur dann kann der Mann mit Volksschulbildung, auf den nach LINGNERS Grundsätzen die Ausstellung in der Regel zugeschnitten sein muß, dem Inhalt ohne Ermüdung folgen. Durch Darstellungen, die sich auf örtliche Verhältnisse beziehen, auch solche statistischer Art, kann dem allgemeinen Inhalt eine anziehende Note gegeben werden, ebenso trägt geschmackvolle Anordnung und etwas Pflanzenschmuck viel zur Belebung des Bildes bei.

Die Tiefenwirkung von Ausstellungen darf nicht überschätzt werden. Die Besucherzahlen oder die erhöhte Inanspruchnahme von Beratungsstellen, wie sie nach den Ausstellungen des Deutschen Hygiene-Museums über Geschlechtskrankheiten stellenweise zu beobachten war, geben kein erschöpfendes Bild. Im allgemeinen sind Ausstellungen mehr dazu geeignet, anzuregen und Fragen aufzuwerfen, als eingehende Kenntnisse zu übermitteln. Schon eine quasi „hygienische Erschütterung" hielt LINGNER für einen genügenden Erfolg dieses Schnellanschauungsunterrichts.

Die Hauptschwierigkeit von Ausstellungen liegt aber darin, eine genügend große Zahl von Personen zu ihrem Besuch zu veranlassen, und hier liegen auch die Grenzen ihrer Wirksamkeit. Alle Werbemittel sind dazu in Gang zu setzen. Einleitende Vorträge, Plakate, Zeitungsaufsätze, Flugblätter müssen schon vor und noch mehr während der Ausstellung die Aufmerksamkeit auf sie lenken, Arbeiten, die am besten von einem örtlichen Ausschuß geleistet werden. Führungen und Vorträge, Druckschriften, bei manchen Ausstellungen auch Kurse, müssen dazu beitragen, den Stoff für die Besucher lebendig zu machen. Insbesondere sind *Führungen* durch geeignete Persönlichkeiten ein unentbehrliches Mittel, um der ungeschulten Auffassungsfähigkeit des Publikums nachzuhelfen, auftauchende Fragen zu beantworten usw. [s. FISCHER-DEFOY a. a. O. und BURCKHARDT (343)]. Alle scheinbaren Erfolge sind trotzdem zweifelhaft, wenn nicht durch Verbreitung von Drucksachen usw. nach Beendigung der Ausstellung für die Vertiefung der aufgenommenen Eindrücke gesorgt wird — eine Aufgabe, die im allgemeinen noch nicht die nötige Beachtung gefunden hat. Es hat aber auch schon manche Ausstellung dazu gedient, sozialhygienische Bestrebungen in Gang zu bringen.

9. Die Organisation der hygienischen Volksbelehrung im Deutschen Reich.

a) Allgemeines und Grundsätzliches.

Jeder Versuch, die Verbreitung hygienischer Kenntnisse planmäßig zu organisieren, hat zweierlei zugleich im Auge zu behalten:

Auf der einen Seite erfordert der Grundsatz der Erziehung zur Selbsttätigkeit ebenso wie die Rücksicht auf die Aufbringung der Mittel eine weitgehende Selbständigkeit und *Dezentralisation* der eigentlichen ausführenden Arbeit, auf der anderen erweist sich bei intensiverer Tätigkeit eine *Zentralstelle* zur Ausarbeitung der Methoden, Bereitstellung der Hilfsmittel, zum Austausch von Erfahrungen und zur Vereinheitlichung des Vorgehens als unentbehrlich.

Der organisatorische Zustand der hygienischen Volksbelehrung ist heute noch in fast allen Kulturländern ein mangelhafter. Die enge Verflechtung mit den sonstigen Aufgaben der sozialen Hygiene, mit pädagogischen und sozialpolitischen Fragen, bedingt die Beteiligung einer großen Zahl von Organisationen, die miteinander meist nur in loseren Beziehungen stehen. Dadurch unterbleibt nicht nur der befruchtende Austausch von Erfahrungen, sondern es bleiben auch wichtige Gebiete — begrifflich wie geographisch genommen — unbearbeitet.

Fast nur in den Staaten, die erst nach dem Krieg entstanden oder wie Rußland stark zentralistisch eingerichtet sind, bestehen einheitlichere Verhältnisse. Dagegen ist das Bild im *Deutschen Reich* ebenso wie in den meisten seiner Nachbarstaaten noch ein sehr buntscheckiges. Neben dem „Verein für Volkshygiene" und ähnlichen allgemeinen Vereinigungen, den sozial-hygienischen Reichsfachverbänden (s. u.) und dem Roten Kreuz mit ihren zahlreichen Unterverbänden stehen die Versicherungsträger (259, 310, 319), die Ärztevereine, die hygienischen Institute der Universitäten, die Wohlfahrts- und Gesundheitsämter (322), Fürsorge- und Beratungsstellen amtlicher, halbamtlicher oder privater Art, die Volkshochschulen und alle die anderen Einrichtungen von vorwiegend örtlichem Charakter, in deren Arbeitsbereich die Volksgesundheitspflege mit fällt. Es ist dankbar anzuerkennen, daß das Verständnis für die Notwendigkeit hygienischer Volksbelehrung in den letzten Jahren in raschem Wachsen begriffen ist. So haben sich, um nur ein paar Beispiele zu nennen, die Ärzte in Schleswig-Holstein [DENEKE (297)], in Bremen, in Groß-Berlin, in neuerer Zeit besonders auch in Dresden, der Sache mit großem Eifer angenommen. Der Ärztliche Bezirksverein Dresden hat einen besonderen Ausschuß für planmäßige hygienische Belehrung eingesetzt und dazu folgende von M. VOGEL aufgestellte Leitsätze als Grundlagen angenommen:

„1. Um bessere hygienische Zustände herbeizuführen und besseres Verständnis für ärztliches Tun und Denken zu wecken, ist Verbreitung gediegener hygienischer Kenntnisse in allen Volksschichten und Erziehung zu vernünftiger Lebensweise unentbehrlich.

2. An der Lösung der Aufgabe mitzuwirken, ist neben der Schule die Ärzteschaft an erster Stelle berufen. Hält sie sich von der Erfüllung dieser Pflicht zurück, so überläßt sie ungeeigneten und oft genug ärztefeindlichen Elementen das Feld. Durch Gesetze und Verordnungen gegen das Kurpfuschertum kann dieses Versäumnis nicht wettgemacht werden, da sie immer nur die schädlichsten Auswüchse, nicht aber das Übel selbst an der Wurzel treffen können.

3. Bei der Belehrung sind die Fragen in den Vordergrund zu stellen, bei denen tieferes Verständnis und tätige Mitarbeit des Laien erwünscht ist, d. h. vor allem die Fragen der persönlichen (kostenlosen!) und der sozialen Hygiene. Dagegen sollen die eigentlichen medizinischen Fragen, insbesondere solche der Behandlung, nur insoweit berührt werden, als dadurch das notwendige Verständnis für ärztliche, gesundheitspolizeiliche und fürsorgerische Maßnahmen gefördert wird.

4. Jede Belehrung muß vom Geiste echter Wissenschaft, d. h. unbedingter Wahrhaftigkeit getragen sein. Das bedeutet nicht, daß bei komplizierteren Dingen nicht eine vereinfachte Darstellungsweise Platz greifen dürfte. Stets sind aber die Grenzen menschlichen Erkennens und ärztlichen Könnens klar im Auge zu behalten und aufzuzeigen. Nichts schädigt die Autorität der Ärzteschaft mehr, als optimistisch übertreibende Behauptungen, die sich später als unberechtigt erweisen (vgl. Tuberkulin). Behutsames Anknüpfen an die im Volk verbreiteten Vorstellungen wird den Weg vielfach erleichtern, schroffe Ablehnung ihn erschweren.

5. Die Belehrungsarbeit, zu der alle in Betracht kommenden Hilfsmittel heranzuziehen sind, hat nur dann Aussicht auf Erfolg, wenn der Arzt neben der Sachkenntnis auch über pädagogisches Geschick und Redegewandtheit verfügt. Insoweit das ärztliche Studium diese Kenntnisse und Fertigkeiten nicht vermittelt, sind geeignete Fortbildungsmöglichkeiten in Form von Kursen u. dgl. zu schaffen. Seitens der Ärztevereine ist auf rege Beteiligung, zumal der jüngeren Ärzte, an der hygienischen Volksbelehrung hinzuwirken.

6. Durch planmäßige Zusammenarbeit mit dem Reichsausschuß und den Landesausschüssen für hygienische Volksbelehrung, dem Deutschen Hygiene-Museum, den Trägern der Krankenversicherung und der Wohlfahrtspflege, den Schulbehörden und den Organen des freien Volksbildungswesens (Volkshochschulen) ist für Einführung des pflichtmäßigen hygie-

nischen Schulunterrichts, für Herausbildung einheitlicher Methoden und für Verbreitung hygienischer Lehr- und Anschauungsmittel Sorge zu tragen."

Neben den Einzelvereinen beginnen auch die ärztlichen Spitzenorganisationen — nicht zuletzt durch das Überhandnehmen des Kurpfuschertums veranlaßt — sich an dieser Arbeit zu beteiligen, und ebenso stellen sich die Versicherungsträger mehr und mehr in den Dienst der Sache, wovon z. B. der Vortrag GROTJAHNS auf dem 28. deutschen Krankenkassentag 1924 und die Veröffentlichungen der Krankenkassen (259, 310) Zeugnis ablegen. Wenn trotzdem vieles zu wünschen übrig bleibt, so tragen wohl die wirtschaftlichen Schwierigkeiten meist mehr Schuld als der Mangel an Einsicht und gutem Willen.

b) Ausschüsse für hygienische Volksbelehrung.

Erst die verstärkten Anforderungen der Kriegs- und Nachkriegszeit haben die Erkenntnis reifen lassen, daß es notwendig ist, für die besonderen Aufgaben der hygienischen Volksbelehrung auch einen besonderen, wenn auch losen Rahmen zu schaffen. Zuerst wurde in *Preußen* auf Anregung von ADAM und BORNSTEIN (3—6, 254) in Verbindung mit dem Ministerium für Volkswohlfahrt im Mai 1919 ein *Landesausschuß für hygienische Volksbelehrung* gebildet, der dem größeren Teil der anderen deutschen Länder zu ähnlichen Gründungen Anstoß gab, bis die Zusammenfassung aller dieser Landesausschüsse im *Reichsausschuß* für hygienische Volksbelehrung erfolgen konnte.

Der preußische Landesausschuß hat in richtiger Erkenntnis von der Notwendigkeit der Dezentralisation *Provinzial-*, *Kreis-* und *Ortsausschüsse* gebildet. In den übrigen Ländern wird die Arbeit teils von den Wohlfahrtsämtern der Pflegebezirke mit getragen (Sachsen), teils wird sie von dem stets an die Landesmedizinalbehörden angegliederten Landesausschuß unmittelbar geleistet. Die zur Verfügung stehenden Mittel sind größtenteils sehr bescheiden. In Preußen wurden sie während der Inflationszeit hauptsächlich durch private Spenden aufgebracht.

Durch den Landesausschuß ebenso wie durch den Reichsausschuß sollen die schon vorhandenen Organisationen unter Wahrung ihrer Selbständigkeit zu gemeinsamer Arbeit zusammengefaßt werden. Nach den Richtlinien des preußischen Landesausschusses, der allen anderen als Vorbild gedient hat (326), erstreckt sich die Tätigkeit in erster Linie auf Veranstaltung von Vorträgen (mit Bevorzugung der kleinen Städte und des flachen Landes), sowie der Beschaffung und Verwendung aller sonstigen Hilfsmittel. Die Belehrung soll auf wissenschaftlicher Grundlage und im wesentlichen durch Ärzte erfolgen. Im Vordergrunde sollen die Fragen der persönlichen Gesundheitspflege und Krankheitsverhütung stehen, nicht die der Krankenbehandlung.

Der *Reichsausschuß für hygienische Volksbelehrung* (gegründet 5. II. 1921) wurde nach Dresden verlegt, um eine möglichst enge Verbindung mit dem Deutschen Hygiene-Museum und der Lingner-Stiftung herzustellen. Seine Bestimmung ist, die Landesausschüsse und die auf dem Gebiet der hygienischen Volksbelehrung tätigen Reichsorganisationen und -behörden mit Rat und Tat zu unterstützen und ihnen als Vermittlungsstelle für Anregungen und Erfahrungen zu dienen. Ferner soll er in Zusammenarbeit mit dem Hygiene-Museum für vorbildliche Ausgestaltung der hygienischen Lehrmittel und für den Ausbau des hygienischen Schulunterrichts besorgt sein (320).

Infolge des Mangels an Mitteln hat der Reichsausschuß bisher nur eine bescheidene Tätigkeit entfalten können. So ist von ihm mit Erfolg dem Zusammenarbeiten mit der Ärzteschaft, der Bearbeitung der Presse, der Verbreitung von guter hygienischer Literatur und Anschauungsmitteln, der Herstellung und Vorführung von Filmen (s. S. 55) wie überhaupt allen Fragen der Aufklärungstechnik und -politik besondere Aufmerksamkeit gewidmet worden.

Landesausschüsse für hygienische Volksbelehrung bestanden Ende 1924 in 10 von den 18 deutschen Ländern (Anschriften am Schlusse dieses Abschnitts). Aus der Tätigkeit der einzelnen Landesausschüsse ist hervorzuheben: *Anhalt* hat unter Verwendung des Atlas von Langstein-Rott (201) eine Wanderausstellung „Das Kind" geschaffen, die sich in 2 Kisten von 30—50 kg verpacken läßt und in kleinen Orten viel verwendet wird. In *Baden* bildet der Landesausschuß eine Unterabteilung der Badischen Gesellschaft für soziale Hygiene und hat sich besonders der Organisation des Vortragsdienstes gewidmet. In *Bayern* ist die Organisation von vorbildlicher Einfachheit und Einheitlichkeit. Seit April 1921 besteht eine „Bayrische Arbeitsgemeinschaft zur Förderung der Volksgesundheit", die sämtliche sozialhygienischen Organisationen umfaßt und eine gemeinsame Geschäftsstelle unter der Leitung von Regierungsmedizinalrat Dr. Seiffert unterhält. Für die Herstellung des Lehrmaterials (besonders Lichtbilder) und für die Veranstaltung von Vorträgen (Karsch) sorgt das Arbeitermuseum München (312, 337). Mehrere Wanderausstellungen über Säuglingspflege, Tuberkulose usw. sind vorhanden. Als eigenes Organ werden die „Blätter für Gesundheitspflege" herausgegeben. Vorträge wurden in großer Zahl von Ärzten, aber auch von Wanderlehrerinnen abgehalten. Orts- und Kreisausschüsse haben sich als nicht nötig erwiesen. Auf die vorbildliche Arbeit von Dr. Seiffert, insbesondere auf seine Bemühungen um die Förderung des hygienischen Schulunterrichts, haben wir bereits an anderer Stelle mehrfach Bezug genommen (s. dazu 62—64, 151, 329—331). *Bremen* hat unter reger Beteiligung der Ärzte bereits mehrere Jahre hindurch erfolgreich Vortragsreihen aus allen Gebieten der Gesundheitspflege abgehalten. In *Lübeck* ist besonders die rege Vortragstätigkeit eines erblindeten Arztes, Dr. Siering, bemerkenswert, der sich damit einen neuen, befriedigenden Wirkungskreis geschaffen hat. *Oldenburg* hat das Hauptgewicht auf Fortbildungskurse für Lehrer und auf Ausbildung der Krankenpfleger, Samariter usw. gelegt. Eine kleine ständige Ausstellung im Landtagsgebäude dient als Stützpunkt für Vorträge vor Schülern, Vereinen usw. In *Preußen* besteht seit 1921 eine besondere Geschäftsstelle, geleitet von Dr. Bornstein. Eine besondere Abteilung Schulhygiene wird von Prof. Adam und Rektor F. Lorentz geleitet und hat unter anderem Richtlinien für die Gestaltung des Hygieneunterrichts herausgegeben (101). Mit dem „Deutschen Verein für Volkshygiene" wird eine enge Arbeitsgemeinschaft unterhalten, seit 1920 werden die Blätter für Volksgesundheitspflege gemeinsam mit diesem Verein, seit 1924 auch mit dem Reichsausschuß und dem Deutschen Hygiene-Museum herausgegeben (254). Der Landesausschuß besitzt einiges Unterrichtsmaterial an Lichtbildern mit gedruckten Vorträgen. An Veranstaltungen sind vor allem eine große Zahl von Vorträgen und Vortragsreisen des Generalsekretärs zu nennen, die zur Belebung der Arbeit in der Provinz wesentlich beigetragen haben. Ein Lehrgang zur Einführung von Lehrern und Lehrerinnen in den Unterricht in Gesundheitslehre wurde vom 1.—9. X. 1922 in Berlin abgehalten. Über die Tätigkeit des Landesausschusses ebenso wie über die der Provinzialausschüsse sind in den Blättern für Volksgesundheitspflege (254) eine ganze Reihe von Berichten erschienen, die ein Bild von der umfassenden Tätigkeit der Ausschüsse geben. In dieser Zeitschrift erscheinen laufend Mitteilungen und Berichte über hygienische Volksbelehrung. *Sachsen:* Durch Verordnung des Ministeriums des Innern vom 20. II. 1922 ist die hygienische Volksbelehrung unter die Aufgaben der Pflegebezirke aufgenommen worden. Die amtlichen „Blätter für Wohlfahrtspflege" widmen der Arbeit besondere Aufmerksamkeit. Die Tätigkeit der Geschäftsstelle war hauptsächlich beratender Art. Im Jahre 1922 wurde mit Unterstützung des Kultusministeriums und des Wirtschaftsministeriums an sämtliche Schulen des Landes eine Rundfrage über den Stand des hygienischen Schulunterrichtes und über die Wünsche der Lehrerschaft bezüglich ihrer Ausbildung gerichtet, die bemerkenswerte Ergebnisse zeitigte [s. Dr. Teuscher (156)]. Seit dem Jahre 1923 ist die Geschäftsstelle des Landesausschusses mit dem Hygiene-Museum räumlich und persönlich eng verbunden. Die Lehrmittel des Museums kommen dem Landesausschuß in besonderem Maße zugute, wie überhaupt beide Organisationen ständig eng zusammenarbeiten (vgl. z. B. den schon erwähnten Lehrgang für hygienische Volksbildung).

Die Entwicklung dieser Ausschüsse ist noch längst nicht als abgeschlossen zu betrachten. Insbesondere wird es ihre Aufgabe sein, sobald es die wirtschaftlichen Verhältnisse nur irgend gestatten, für eine größere Zahl von Stützpunkten der Belehrungsarbeit Sorge zu tragen, z. B. Leihstellen für Lichtbilder und Filme (womöglich im Anschluß an schon bestehende Lichtbildstellen), Wanderkinos, Wanderausstellungen und örtlichen Museen. Auch die Ausbildung und Aussendung von Wanderlehrern und -lehrerinnen und die Einrichtung von „Gesundheitshäusern", wie sie z. B. in Rußland bestehen (Hygieneaufklärungsheime), und wie (wohl als erstes in Deutschland) das Bezirksamt Berlin-Kreuzberg (304) eines begründet hat, gehören zu den Notwendigkeiten einer planmäßigen hygienischen Volkserziehung, die im allgemeinen nur von solchen alle Kräfte zusammenfassenden Organisationen geleistet werden können.

Anhang.

Landesausschüsse für hygienische Volksbelehrung

bzw. Behörden, die die Aufgaben von Landesausschüssen mit wahrnehmen.

Preußen: Preußischer Landesausschuß für hygienische Volksbelehrung, Generalsekretär Dr. BORNSTEIN, Berlin W 30, Hohenstaufenstr. 32 (Abt. Schulhygiene: Prof. Dr. ADAM und Rektor FR. LORENTZ, Berlin NW 6, Luisenplatz 2/4).

Bayern: Landesausschuß für hygienische Volksbelehrung in Bayern, Reg.Med.-Rat Dr. SEIFFERT, München, Ludwigstr. 14 I.

Württemberg: Ob.-Med.-Rat Dr. GNANT, Stuttgart, Ministerium des Innern.

Baden: Badische Gesellschaft für soziale Hygiene, Abteilung für hygienische Volksbelehrung, Dr. med. ALFONS FISCHER, Karlsruhe, Herrenstr. 8.

Sachsen: Sächsischer Landesausschuß für hygienische Volksbelehrung, Generalsekretär Dr. M. VOGEL, Dresden-A., Zirkusstr. 38/40 (Hygiene-Museum).

Mecklenburg-Schwerin: Mecklenburg-Schwerinisches Ministerium für Medizinalangelegenheiten.

Thüringen: Thüringischer Landesausschuß für hygienische Volksbelehrung, Thüringisches Ministerium für Inneres und Wirtschaft, Abt. Inneres III E VII.

Hessen: Ministerium des Innern, Darmstadt.

Oldenburg: Landesausschuß für hygienische Volksbelehrung, Ober-Med.-Rat Dr. SCHLAEGER, Oldenburg, Ministerium der sozialen Fürsorge.

Braunschweig: Landes-Medizinalkollegium.

Mecklenburg-Strelitz: Ministerium für Medizinalangelegenheiten, Neustrelitz, Med.-Rat Dr. STEIN.

Anhalt: Med.-Rat Dr. SCHAECHE, Dessau, Ministerium.

Lippe-Detmold: Landeswohlfahrtsamt, Ob.-Reg.-Rat Dr. CORVEY, Detmold.

Waldeck: Landesausschuß für hygienische Volksbelehrung, Ob.-Landes-Physikus Med.-Rat Dr. DEETZ, Arolsen.

Schaumburg-Lippe: Schaumburg-Lippesche Landesregierung, Bückeburg.

Hamburg: Gesundheitsamt.

Lübeck: Lübecker Landesausschuß für Volksgesundheitspflege, Physikus Ob.-Med.-Rat Dr. RIEDEL, Lübeck, Roeckstr. 3.

Bremen: Bremischer Landesausschuß für Volksaufklärung, Ob.-Med.-Rat Dr. TJADEN, Gesundheitsrat, Am Dobben 91.

Sonstige Organisationen und Einrichtungen im Deutschen Reich.

Deutsches Hygiene-Museum, Dresden-A. 1, Zirkusstr. 38/40. Diese Anstalt, deren in den vorhergehenden Abschnitten schon öfter gedacht worden ist, darf mit Recht als *das* Zentralinstitut für Volksgesundheitspflege bezeichnet werden. Es wurde begründet Anfang 1912 von Dr. med. h. c. KARL AUGUST LINGNER († 5. VI. 1916) als Dauerfortsetzung der Internationalen Hygieneausstellung und unter finanzieller Beteiligung der Stadt Dresden und des sächsischen Staates.

Was LINGNER bei der Gründung vorschwebte, hat er in seiner Denkschrift (360) ausgesprochen: „Ein Museum in des Wortes gegenwärtiger Bedeutung ist es nicht, was hier in Dresden errichtet werden soll. Das geplante Institut wird sich mehr zu einer Art Akademie herausbilden, in der jedermann sich durch Anschauung und eigenartigen Selbstunterricht nach freiem Belieben Kenntnisse über die Gesundheitspflege in all ihren Teilen erwerben kann, in der aber auch jedem Fachmann durch systematische Kurse die Möglichkeit geboten wird, sein Wissen auf den verschiedenartigsten Gebieten der Hygiene zu erweitern."

Die Anstalt wird von einem „Verein Deutsches Hygiene-Museum E. V." getragen, dessen Vorstand Vertreter der Stadt Dresden, des Freistaats Sachsen, des Reiches, der Ärzteschaft, der Gesundheitsbehörden, Versicherungsträger usw. angehören. Vorsitzender ist zur Zeit Oberbürgermeister BLÜHER, Dresden. Die Leitung des Museums selbst liegt in den Händen je eines geschäftsführenden (Verwaltungs-) Direktors (zur Zeit Reg.-Rat G. SEIRING) und eines wissenschaftlichen Direktors (1912—1923 Dr. F. WOITHE †, 1923—1925 i. V. Dr. M. VOGEL, ab Juli 1925 Dr. W. WEISBACH). Ein wissenschaftlicher Beirat, der eine große Anzahl anerkannter Fachmänner umfaßt, steht dem Museum mit Rat und Tat zur Seite.

In den ersten Jahren wurden zunächst die Darstellungsmethoden ausgebaut. Während des Krieges begann mit Wanderausstellungen über Verwundeten- und Kriegerfürsorge eine

Außentätigkeit, die nach dem Krieg in größtem Maßstab fortgesetzt wurde. Im Jahre 1919 ging die *„Volksborngesellschaft für medizinisch-hygienische Aufklärung"* im Museum auf. Diese war von einem früheren Mitarbeiter LINGNERS, Dr. A. LUERSSEN († 1917) im Jahre 1912 begründet worden und hatte mit einer Wanderausstellung „Mutter und Säugling" (351), Veranstaltung von Vorträgen und Kursen, Verleihung von Lichtbildern und Herstellung von Lehrmitteln eine ausgedehnte Tätigkeit entfaltet. — Vom Hygiene-Museum gezeigt wurden insbesondere eine Reihe von durchweg neu hergestellten bzw. neu bearbeiteten Wanderausstellungen über Geschlechtskrankheiten, Tuberkulose, Säuglingspflege, „Der Mensch" (346) usw. im In- und Ausland. Über diese Ausstellungen, die damit verbundenen Kurse, ebenso wie über die Lichtbildstelle des Museums ist schon an anderer Stelle berichtet worden [s. auch SEIRING (368)].

Seit Ende 1923 befindet sich das Hygiene-Museum in einem Flügel der ehemaligen Tierärztlichen Hochschule und hat dort mit ständigen Ausstellungsräumen die ersten bescheidenen äußeren Möglichkeiten zur Entwicklung im Sinne seines Stifters gewonnen (s. o.). Eine große Halle für Sonderausstellungen besitzt das Museum außerdem in der Reithalle des ehemaligen Marstalls (am Zwingerteich 2).

Die Weiterführung des Museumsbetriebes während der Inflationszeit war nur durch erhebliche Einschränkungen auf der einen, Erschließung neuer Einnahmequellen auf der anderen Seite möglich. Die unter Leitung von Dr. O. NEUSTÄTTER stehende ethnographisch-historische Abteilung mußte völlig stillgelegt, die Zahl der Angestellten um fast die Hälfte abgebaut werden. Herstellung und Vertrieb mustergültiger hygienischer Lehrmittel gaben neue Betätigungsmöglichkeiten und zugleich Einnahmen zur Weiterarbeit und Wiederaufbau. Von den Erzeugnissen der als „Aktien-Gesellschaft für hygienischen Lehrbedarf" organisierten geschäftlichen Abteilung, deren Erträgnisse ausschließlich dem Deutschen Hygiene-Museum zugute kommen, sind vor allem zu nennen: Unterrichtssammlungen über Anatomie und Physiologie, Säuglingspflege, Tuberkulose, Geschlechtskrankheiten, Arbeitshygiene-Arbeiterschutz, Alkoholismus, ferner Lichtbilder, Wandtafeln, Wachs- und Gipsabgüsse, Demonstrationsapparate aus allen Gebieten der Anatomie, Physiologie und Hygiene. Wiederholt wurden für das Ausland ganze Museen und größere Ausstellungen zusammengestellt (s. z. B. S. 67).

Lingner-Stiftung. Die aus dem hinterlassenen Vermögen K. A. LINGNERS gebildete Stiftung bezweckt, seine Bestrebungen zur Hebung der Volksgesundheit und Volksbildung durchzuführen. In erster Linie sollen gefördert werden: Säuglingsfürsorge (in Sachsen), Schulgesundheitspflege und Belehrung der Schulkinder, Volksbelehrung auf dem Gebiete der Gesundheitspflege und allgemeine Bestrebungen zur Hebung der Volksgesundheit. Infolge der Geldentwertung ist die Durchführung dieser Absichten vorläufig unmöglich geworden. (Über die Preisausschreiben der Lingner-Stiftung s. S. 23).

Bayerisches Arbeiter-Museum (Staatl. Soz. Landesmuseum), München, Pfarrstr. 3. Gegründet im Jahre 1900 als Museum für Wohlfahrtseinrichtungen, seit 1906 in eigenem Gebäude. Die ständige Ausstellung umfaßt hauptsächlich: Gewerbehygiene, Unfallverhütung, Ernährung, Alkoholismus, Säuglingsfürsorge, Geschlechtskrankheiten, Zahnpflege, Tuberkulose (eine zweite Auflage von letzterer Gruppe als Wanderausstellung). Neben der Herausgabe von Jahresberichten, Merkblättern u. dgl. widmet sich das Museum auch der Herstellung und Verleihung von Lichtbildern, der Abhaltung von Vorträgen und Wandervorträgen [s. KARSCH (312)] und bildet die Hauptstütze des im Jahre 1920 gegründeten Bayerischen Landesausschusses für hygienische Volksbelehrung.

Ständige Ausstellung für Arbeiterwohlfahrt (Reichsmuseum für Unfallverhütung und Gewerbehygiene), Charlottenburg, Frauenhoferstr. 11/12. Gegründet 1903. Auf einer Ausstellungsfläche von 3720 qm sind im ganzen die gleichen Gebiete wie im Bayerischen Arbeiter-Museum behandelt. Der Ausstellung eingegliedert ist das Hygiene-Museum der Allgemeinen Elektrizitäts-Gesellschaft (354) und das Tuberkulose-Museum des Deutschen Zentralkomitees zur Bekämpfung der Tuberkulose. Ein Ausbau der dem Reichsarbeitsministerium unterstehenden Sammlungen ist neuerdings in Angriff genommen worden.

Museum der Preußischen Landesanstalt für Wasser-, Boden- und Lufthygiene, Berlin-Dahlem. Die das gesamte Arbeitsgebiet der Anstalt umfassende Sammlung wird unter Leitung von Prof. J. WILHELMI (377) planmäßig ausgebaut und ist zwar dem allgemeinen Besuche noch nicht zugänglich, aber als Unterrichtsmaterial von großem Wert. Kleinere Hygienemuseen bestehen bzw. sind im Entstehen begriffen unter anderm in Köln, Frankfurt a. M., Hannover, Würzburg (377).

Sonstige Organisationen und Anstalten[1]). Arbeitsgemeinschaft sozialhygienischer Reichsfachverbände, Vors. Prof. Dr. ROTT, Charlottenburg 5, Mollwitz-Frank-Straße. —

[1]) Nur das Wichtigste ist hier berücksichtigt. Weitere Angaben siehe bei ADAM und LORENTZ (167). Wo nicht Besonderes bemerkt, können von den betreffenden Stellen Drucksachen und sonstige Hilfsmittel bezogen werden. Die von den Organisationen herausgegebenen Zeitschriften sind hier und im Literaturverzeichnis aus Raumgründen *nicht* aufgeführt.

Deutsche Vereinigung für Säuglings- und Kleinkinderschutz, Charlottenburg 5, Mollwitz-Frank-Straße. — Deutsches Zentralkomitee zur Bekämpfung der Tuberkulose, Berlin W 9, Königin Augusta-Straße 7. — Freier Ausschuß zur Bekämpfung der Schwindsucht, Dresden, Schulgasse 4 Erdg. — Verein zur Bekämpfung der Schwindsucht in Chemnitz und Umgebung, Chemnitz, Helenenstr. 26. — Deutsche Gesellschaft zur Bekämpfung der Geschlechtskrankheiten, Berlin W 66, Wilhelmstr. 45 (303). — Deutsche Reichshauptstelle gegen den Alkoholismus, Berlin-Dahlem, Werderstr. 16. — Deutscher Guttempler-Orden (J. O. G. T.), Hamburg 30, Eppendorfer Weg 211. — Deutsche Vereinigung für Krüppelfürsorge, Berlin-Dahlem, Kronprinzenallee 171/173 (Oskar-Helene-Heim). — Deutsches Rotes Kreuz, Berlin W 10, Corneliusstraße 4b. — Deutscher Verein für öffentliche Gesundheitspflege, Prof. Dr. v. DRIGALSKI, Berlin, Städtisches Gesundheitsamt. — Deutscher Verein für Volkshygiene, Berlin W 30, Hohenstaufenstr. 32 (Dr. BORNSTEIN). — Arbeiter-Samariterbund, Chemnitz, Dresdner Straße 40. — Deutsche Gesellschaft zur Bekämpfung des Kurpfuschertums, Berlin-Wilmersdorf, Motzstr. 36. — Kaiserin Friedrich-Haus für das ärztliche Fortbildungswesen, Berlin NW 6, Louisenplatz 2/4 (enthält die „Staatliche Sammlung ärztlicher Lehrmittel"; leihweise Abgabe von Lehrmitteln aller Art). — Institut für Gewerbe-Hygiene, Frankfurt a. M., Viktoria-Allee 9. — Kaiserin Auguste Viktoria-Haus zur Bekämpfung der Säuglings- und Kleinkindersterblichkeit im Deutschen Reiche, Berlin-Charlottenburg 5, Mollwitz-Frank-Straße [Abt.: Volksbelehrung, Museum für Säuglingskunde. Wanderausstellung „Mutter und Kind" u. a. m. (294)]. — Deutscher Verein für Schulgesundheitspflege, Rektor HERTEL, Berlin NO 43, Georgenkirchstr. 2. — Verband deutscher Lehrervereinigungen für Schulgesundheitspflege, Rektor Fr. LORENTZ, Berlin NW 5, Wilhelmshavener Straße 45 II. — Archiv für Volksbildung, Berlin NW 40, Moltkestr. 7. — Gesellschaft für Volksbildung, Berlin NW 52, Lüneburger Straße 21. — Zentralinstitut für Erziehung und Unterricht, Berlin W 35, Potsdamer Straße 120 (Bildstelle s. unten). — Deutsche Zentrale für Jugendfürsorge, Berlin N 24, Monbijou-Platz 3. — Deutsche Hochschule für Leibesübungen, Charlottenburg 9, Deutsches Stadion. — Deutscher Reichsausschuß für Leibesübungen, Berlin W 35, Kurfürstenstr. 48. — Deutscher Ärztebund zur Förderung der Leibesübungen. Schriftführer Dr. W. KOHLRAUSCH, Berlin-Charlottenburg, Bismarckstr. 10. — Deutscher Ärztebund und Deutscher Volksbund für Sexualethik, Halle a. S., Magdeburgerstr. 21 (Vors. Geh. Rat Prof. Dr. ABDERHALDEN). — Landesverein für Volkswohlfahrt, Hannover, Maschstr. 8. — Deutscher Ausschuß für zahnärztliche Aufklärung (Dr. LICHTWARCK), Hamburg, Esplanade 44 (Lichtbilder, Merkblätter, Anleitung zu zahnärztlichen Vorträgen). — Deutsches Zentralkomitee für Zahnpflege in den Schulen (Zahnarzt Dr. KIENTOPF), Berlin S 42, Brandenburgstraße 48/49. — Institut für Schiffs- und Tropenkrankheiten, Hamburg 4, Bernhardstr. 74. — Deutsches Zentralkomitee zur Erforschung und Bekämpfung der Krebskrankheit, Berlin NW 6, Luisenstraße 9. — Bund deutscher Tabakgegner, Dresden-A. 19, Kügelgenstr. 41.

Filmgesellschaften, Filme und sonstige hygienische Lehrmittel: Industrie-Film G. m. b. H., Berlin W 35, Potsdamer Straße 25. — Der Bild- und Filmvortrag, Berlin W 35, Potsdamer Straße 41. — Neue Kinematographische Gesellschaft, München, Schellingstr. 39. — Kulturfilm A.-G., Berlin SW 48, Friedrichstr. 5/6. — Deutsche Lichtbildgesellschaft (Deulig), Berlin SW 19, Krausenstr. 38/39. — Medizinisches Filmarchiv der Kulturabteilung der Ufa und Ufa-Filmverleih, Berlin W 9, Köthener Straße 1/4. — Bildstelle des Zentralinstituts für Erziehung und Unterricht, Berlin NW 40, Königsplatz 6 [veröffentlicht laufend eine Liste der von ihr anerkannten Lehrfilme (285), die den größten Teil der brauchbaren hygienischen Filme enthält]. — Bildspielbund Deutscher Städte, Berlin NW 21, Bochumer Straße 8.

Säuglingspflege-Filme: Unsre Kinder, unsre Zukunft 760 m (Deulig). — Säuglings- und Kleinkinderpflege, in 3 Ausgaben zu 12, 8 und 3 Akten (2600, 1705 und 915 m) (Ufa). — *Tuberkulose-Filme:* Die weiße Seuche, 6 Teile. 1129 m (Ufa). — Die Tuberkulose und unsere Kinder, 188 m (Ufa). — Den Kindern mehr Sonne! Von Dr. KLARE, 2 Teile, 466 m (Neue Kinematogr. Ges.). — Der Kampf gegen den Erbfeind, 400 m (Deulig). — Tuberkulose-Fürsorge-Film von HELM, KAYSERLING und KEMSIES (Zentralkomitee zur Bekämpfung der Tuberkulose). — *Geschlechtskrankheiten:* Die Geschlechtskrankheiten und ihre Folgen, 4 Teile, 1090 m (Ufa). — Wesen und Gefahren der Geschlechtskrankheiten von Prof. Dr. v. ZUMBUSCH und Dr. JUL. K. MAYR, 885 m (Neue Kinematogr. Ges.). — „Es werde Licht!" Von RICH. OSWALD, 4 Teile (Deutsche Gesellschaft zur Bekämpfung der Geschlechtskrankheiten). — *Leibesübungen:* Säuglingsgymnastik und Kinderübungen von Dr. L. DEPPE (Ernemann-Werke, Dresden). — Die Eignung und Leistung im Sport von Dr. R. W. SCHULTE (Kulturfilm A.-G.). — „Wege zu Kraft und Schönheit" u. a. Filme über Leibesübungen (Ufa 278). — „Ich fahr' in die Welt." Deutscher Jugend-Wander- und Herbergsfilm in 2 Teilen von GEORG EITZE (Deulig). Ein in jeder Hinsicht vorbildliches „Lichtbildbuch" (277) unter dem gleichen Titel gibt Erläuterungen und Anleitung zur Ausgestaltung und Auswertung des Films. — „O Wandern, du freie Burschenlust" (eine Schülerwanderung durch den Harz), 1700 m (Deulig). — „Vom Wasser haben wir's gelernt — das Wandern!" Schülerruderfilm, 1400 m (Deulig). — *Ver-*

schiedene Filme: Malchen, die Unschuld vom Lande von Dr. DOHRN (Hannover, Gellertstr. 22), humoristischer Lehrfilm in 3 Akten über die Gesundheitspflege im täglichen Leben. Einleitende Lichtbildreihe hierzu erhältlich vom Deutschen Hygiene-Museum, kurzgefaßter Text vom Wohlfahrtsarchiv BACKNANG in Württemberg (Flugschriften zur Wohlfahrtspflege Nr. 4). — Die Hygiene des häuslichen Lebens von Dr. TUGENDREICH, 2 Teile, 566 m (Ufa). — Hygiene der Feierstunden, 400 m (Ufa). — „Richtiges Lüften", 37 m, „Nasse Füße", 31 m, „Hatschi", 39 m (Deulig): Kurze Filme, gedacht als Teile eines Films „Gesundheitspflege", hergestellt unter Mitwirkung des Reichsausschusses für hygienische Volksbelehrung. — Die Pocken, ihre Gefahren und deren Bekämpfung von Dr. GINS, 4 Teile, 1129 m (Ufa). — Krüppelnot und Krüppelhilfe von Prof. BIESALSKI, 5 Teile, 978 m (Ufa). — Der Volksfeind (Gegen den Alkoholismus), 950 m (Deulig). — Zahnpflegefilm von Dr. LICHTWARCK, Hamburg, mit Begleitheft: „Wie es kommen kann", 2 Teile, 870 m (Deutsche Kulturfilmgesellschaft, Hamburg 36, Esplanade 44). — Hygiene der Ehe, 5 Teile, 1673 m (Kulturfilm). — Wie sage ich's meinem Kinde? von Dr. WARECHA (Sex. Pädagogik), Filmhaus Nitsche, Leipzig, Karlstr. 1. — Ein Blick in die Tiefen der Seele (Der Film vom Unbewußten) von Dr. C. THOMALLA und Dr. C. KRONFELD, 7 Teile (Kulturfilm). — Unfallverhütung in gewerblichen Betrieben (Industriefilm). — Erste Hilfe bei Unglücksfällen, 1050 m (Deutsches Rotes Kreuz). — Weitere, insbesondere biologische Filme, bei der Ufa erhältlich (278), über Arbeitsprobleme s. (286).

Bezugsquellen für hygienische Lehrmittel: Aktien-Gesellschaft für hygienischen Lehrbedarf (s. Deutsches Hygiene-Museum S. 64). — Prof. W. BENNINGHOVEN, Berlin NW 21, Turmstr. 19. — Th. Benzinger, Lichtbildverlag, Stuttgart. — Berlinische Verlagsanstalt G. m. b. H., Berlin NW 26, Claudiusstr. 12. — H. DÜMLER, Wien IX/3, Schwarzspanierstraße 4/6 (Lichtbilder). — Gesundheitswacht (Gemeinnütziger Arbeitsverband zur Pflege gesundheitlicher Bildung), München NW 2, Sophienstr. 5. — Hochbildgesellschaft, München, Rheinsberger Str. 5. — Köhler & Volckmar A.-G., Leipzig, Täubchenweg 19/21. — ED. LIESEGANG, Düsseldorf, Volmerswertherstr. 21 (Lichtbilder). — Unfallverhütungsbild G. m. b. H., Berlin W 9, Köthener Str. 37. — Feinak-Diapositiv-Verlag, München, Lindwurmstr. 88.

10. Hygienische Volksbelehrung im Ausland.

Im vorstehenden ist auf ausländische Verhältnisse schon vielfach Bezug genommen worden. An dieser Stelle soll nun noch ein Überblick über die Besonderheiten der Organisation und der Arbeitsweise in den wichtigsten ausländischen Staaten und über die Anfänge internationaler Beziehungen gegeben werden. Die Angaben sind lückenhaft, da trotz aller Bemühungen aus einer ganzen Reihe von Staaten eingehendere, zuverlässige Mitteilungen nicht zu erhalten waren. Der größere Teil dieses Abschnittes konnte erst nach Drucklegung des Hauptteils fertiggestellt werden, deshalb sind viele, auch grundsätzlich wichtige Ergebnisse, nicht wie sonst in die systematische Darstellung einbezogen (besonders betr. Großbritannien und Vereinigte Staaten).

Internationale Beziehungen in Fragen der hygienischen Volksbelehrung gibt es auf Einzelgebieten der Sozialhygiene schon lange. Wohl am besten entwickelt ist hierin die Bekämpfung des Alkoholismus, die in dem *Internationalen Büro gegen den Alkoholismus, Lausanne,* Avenue du Grammont 1 (Leiter Dr. HERCOD), ihren Mittelpunkt und ihre Zentralauskunftsstelle hat. Die Internationalen Kongresse gegen den Alkoholismus, z. B. die in Lausanne und Kopenhagen (1921 und 1923) haben sich mehrfach mit den Methoden der Aufklärung beschäftigt (369, 345).

Eine eigentliche *internationale Organisation der hygienischen Volksbelehrung* gibt es begreiflicherweise noch nicht, doch wird die Rolle einer solchen bis zu gewissem Grad von der *Liga der Rotkreuzvereine* versehen. Nach Beendigung des Weltkrieges haben die Rotkreuzvereine der Vereinigten Staaten, von Frankreich, Großbritannien, Italien und Japan diese Liga gegründet, die sich ganz auf Friedensarbeit umgestellt hat und heute über 50 Mitgliederorganisationen zählt. Nach ihren Satzungen erstrebt sie (317) in allen Ländern die Gründung nationaler Rotkreuzvereine, deren Aufgabe es ist, „die Gesundheit zu heben, Krankheiten zu verhüten, Leiden zu mildern". Insbesondere will sie aber als Vermittler dienen für die schon längst bekannten Tatsachen der Hygiene, für neue wissenschaftliche und medizinische Entdeckungen und ihre Anwendung.

Das Programm sieht weiter als eine der wichtigsten Aufgaben die Arbeit an der Jugend an. Geleistet wird diese vom *Jugendrotkreuz*, das hauptsächlich von den Vereinigten Staaten aus Förderung erfährt.

Die Veröffentlichungen der Liga stehen durchweg auf bemerkenswerter Höhe. Neben einer in englischer, französischer und spanischer Sprache in 15 000 Exemplaren erscheinenden Zeitschrift (Vers la santé — The Worlds Health — Por la salud), die laufend eine Fülle hygienischer Belehrung in Schrift und Bild bringt, und neben einer großen Zahl von Zeitschriften für die Jugend in allen Kultursprachen sind illustrierte Schriften, Plakate u. a. m., vor allem gegen die Tuberkulose, ebenfalls in verschiedenen (bis zu 9) Sprachen herausgegeben worden (s. z. B. 198 und 244). Die Abbildungen sind, wenn sie auch vorwiegend amerikanischem und französischem Geschmack entsprechen, in ihrer häufig humoristischen Form und ihrer Treffsicherheit als schlechthin mustergültig anzusprechen.

Der hygienischen Propaganda dienen weiterhin *Wanderausstellungen*, die den Mitgliederorganisationen zur Verfügung stehen. Das Jugendrotkreuz ist im Besitz einer Anzahl hygienischer Filme, die ebenfalls leihweise abgegeben werden.

Das *Sekretariat der Liga* (Paris VIII e, 2 Avenue Velasquez) unterhält enge Beziehungen u. a. zur Hygienesektion des Völkerbundes, zur Sektion für Gewerbehygiene des Internationalen Arbeitsamts (Genf), der Panamerikanischen Sanitätskommission, der Rockefellerstiftung und den Internationalen Organisationen gegen die Tuberkulose, die Geschlechtskrankheiten u. a. m. Die Arbeit der Liga kommt in Europa ganz überwiegend den Mitgliedern der ehemaligen Entente und den Nachfolgestaaten zugute. Die Grenzen ihrer Wirksamkeit sind außerdem dadurch gegeben, daß das Rote Kreuz nur in den Ländern mit einer mangelhafter entwickelten sozialen Hygiene eine führende Rolle spielt. Seine Tätigkeit erstreckt sich aber über den ganzen Erdball bis zum fernen Osten. So hat Ende 1923 in *Bangkok* (Siam) eine Ausstellung über öffentliche Gesundheitspflege stattgefunden (342). In *Tokio* ist im Jahre 1920 eine Ausstellung über Kindergesundheitspflege veranstaltet worden, und auch sonst hat man in Japan die Aufklärung durch Flugschriften, Plakate, Zeitschriften, Vorlesungen und Kurse, sowie durch kinematographische Vorführungen in die Wege geleitet (291).

Die *Hygiene-Sektion* des Völkerbundes in Genf (unter Leitung von Dr. RAJCHMANN), die sich zusammen mit der Rockefeller-Stiftung bemüht, eine Weltorganisation für Hygiene zustande zu bringen, erstreckt ihre Tätigkeit auch auf aufklärende Maßnahmen. So sind in ihrem Auftrag in Warschau, Charkow und Moskau (durch das Deutsche Hygiene-Museum) kleine Museen zur Bekämpfung ansteckender Krankheiten eingerichtet worden.

Österreich. Die hygienische Volksbelehrung hat schon im alten Österreich bevorzugte Pflege erfahren. So ist Österreich einer der ersten Staaten gewesen, der (1897) hygienischen Schulunterricht eingeführt hat, und auch das neue Österreich ist darin vielen anderen Staaten voraus. Die vielseitigen Bestrebungen auf diesem Gebiet haben durch die Nöte der Nachkriegszeit starken Antrieb erfahren, wobei die Hilfe des Auslands, besonders Amerikas, sich für das verarmte Land als höchst wertvoll erwiesen hat.

Eine rege Tätigkeit wird z. B. ausgeübt vom *Exekutiv-Komité für die Säuglings- und Kleinkinder-Fürsorge-Aktion*, das mit dem 1. VII. 1922 die Tätigkeit des amerikanischen Roten Kreuzes in Österreich übernommen hat, von den Krankenkassen und verschiedenen privaten Organisationen, die auch über Anschauungsmaterial verfügen, vom amerikanischen und österreichischen Jugendrotkreuz (Dr. VIOLA, Wien I, Bundesministerium für Heereswesen, Stubenring 1). Letzteres hat u. a. eine Broschüre über Zahnpflege (246) in vielen Tausenden von Exemplaren unter der Schuljugend verbreitet und gibt eine vorzügliche „Jugendrotkreuzzeitschrift“ heraus.

Das *Österreichische Volksgesundheitsamt* im Bundesministerium für soziale Verwaltung besitzt eine Sammlung von Lichtbildern (mit Texten), die kostenlos verliehen werden. Unter den Lichtbildserien der Österreichischen Bundeslichtbildstelle (Wien I, Ballhausplatz 2) sind ebenfalls solche über hygienische Fragen enthalten. Das Landesjugendamt Niederösterreich besitzt vorzügliche Lichtbilder über Säuglingspflege u. a. m. Ein dramatischer Film zur Bekämpfung der Tuberkulose, „Das Gespenst von Windsor“, ist, neben anderen guten Filmen, von einer staatlichen Filmgesellschaft geschaffen worden.

Das *Bundesministerium für Unterricht* benutzt den neuerdings ins Leben gerufenen Haushaltsunterricht zur Verbreitung von hygienischen Kenntnissen und hat für diesen Zweck eine Reihe von *Wanderlehrerinnen* an der Universitäts-Kinder-Klinik in Wien (Prof. PIRQUET) in allgemeiner Hygiene, Ernährungs- und Haushaltskunde ausbilden lassen (135). Mustergültig ist die enge Zusammenarbeit dieser Wanderlehrerinnen mit der Fürsorge, der der Unterricht als Stütze und Bahnbrecher dient.

Die vom amtsführenden Stadtrat Prof. Dr. TANDLER in *Wien* geschaffene *Eheberatungsstelle* trägt wesentlich zur Verbreitung rassenhygienischer Kenntnisse bei. Der Kampf gegen den Alkoholismus ist in Österreich, nicht zum wenigsten auch unter der Arbeiterschaft, ein besonders lebhafter und erfolgreicher.

Einen zusammenfassenden Überblick über den Stand der Gesundheitspflege in Österreich hat eine große *Hygieneausstellung* in Wien gegeben, die, gemeinsam von der Bundesregierung, der Stadt Wien und dem Deutschen Hygiene-Museum in den Ausstellungsräumen der Wiener Messe A.-G. vom 28. IV. bis 12. VII. 1925 veranstaltet, fast eine Million Besucher aufzuweisen hatte und den volkshygienischen Bestrebungen auch in den Nachbarländern einen starken Anstoß gegeben hat (352, 375).

Tschechoslowakei. Wie in den meisten Kulturländern ist auch hier die Fülle der sozialhygienischen Organisationen schwer zu übersehen, um so mehr, als deutsche, tschechische, zum Teil auch slowakische Vereinigungen nebeneinander bestehen. Zu nennen ist besonders das *Tschechoslowakische Rote Kreuz* (Prag VI, Neklanova 147), das mit der Liga der Rotkreuzvereine und mit der *Masaryk-Liga* gegen die Tuberkulose (Prag II, Spalena 29) zusammen arbeitet (vgl. 198, 244). Der tschechischen *Gesellschaft zur Bekämpfung der Geschlechtskrankheiten* (Prag II, Dr. ŠAMBERGR) steht eine ebensolche deutsche Gesellschaft (Dr. HECHT, Prag I, Provaznicka 10) gegenüber, wie auch eine besondere deutsche Gesellschaft zur Bekämpfung der Tuberkulose vorhanden ist. Von den Versicherungsträgern haben sich der Verband der mährisch-schlesischen Krankenkassen (unter der Leitung von H. TAUB, Brünn) und der Reichsverband der deutschen Krankenkassen (Prag II, Smečky 26) große Verdienste um die Aufklärungsarbeit erworben. Die deutsche Landeskommission für Kinderschutz und Jugendfürsorge (Reichenberg i. B., Waldzeile 14) hat im Jahre 1924 gemeinsam mit dem Deutschen Hygiene-Museum mehrere große Hygieneausstellungen („Der Mensch“) in nordböhmischen Städten veranstaltet und eine Säuglingsausstellung durch eine Reihe sudetendeutscher Ortschaften wandern lassen.

Schweiz. Die Zahl der Organisationen ist nach Arbeitsgebieten und geographischer Ausbreitung sehr vielgestaltig. Umfassendere Tätigkeit wird von der *Schweizerischen Gesellschaft für Gesundheitspflege*, vom Schweizerischen Roten Kreuz und vom Schweizerischen Samariterbund geleistet. Die erstgenannte Gesellschaft, deren Sektionen Basel und Zürich besonders tätig sind, und die sich in neuester Zeit besonders auch darum bemüht, ein engeres, gleichmäßiges

Zusammenarbeiten mit den anderen Organisationen herbeizuführen, haben in Verbindung mit dem Deutschen Hygiene-Museum eine Reihe von Ausstellungen über Geschlechtskrankheiten, Säuglingspflege usw. veranstaltet. Das *Schweizerische Rote Kreuz* und der ihm körperschaftlich angeschlossene *Schweizerische Samariterbund* veranstalten seit einigen Jahren Hygienekurse (Vortragsreihen) und haben auch eine besondere Anleitung hierzu ausgegeben (293). Eine Sammlung von Filmen und Lichtbilderreihen steht den Vereinen unentgeltlich zur Verfügung (295). Eine bemerkenswerte Regsamkeit entfaltet vor allem der Kantonalverband der Bernischen Samaritervereine (311). Neben mehreren kleineren Wanderausstellungen sind von ihm auch Lichtbilderreihen geschaffen und eine große Zahl von volkstümlichen Vorträgen (1922—1923 über 200) und Kursen (86) gehalten worden. In der Irrenanstalt Waldau wurde vielen Vereinen Aufklärung über das Wesen der Geisteskrankheiten gegeben. Die Pocken- und die Kropffrage gaben besonders reichlichen Anlaß zu aufklärender Arbeit. Eine wertvolle Hilfe für alle diese Bestrebungen ist das *Schul- und Volkskino, Bern*, das Ende 1922 unter 319 Filmen auch 20 über Sport und Hygiene zur Verfügung hatte und mit Hilfe moderner Kofferapparate usw. zahlreiche Wandervorführungen veranstaltet.

In der französischen und italienischen Schweiz sind die einschlägigen Organisationen seit 1918 zu einem Kartell zusammengeschlossen, das das *Secrétariat romand d'hygiène sociale et morale*, Lausanne, Place Saint-François 1, unter Leitung von Dr. VEILLARD unterhält. Hygienische, moralische und soziale Fragen werden wechselweise nachdrücklich bearbeitet[1]).

Die alkoholgegnerischen Organisationen haben in dem *Schweizer Abstinenz-Sekretariat*, Avenue Ed. Dapples 5, Lausanne, ihren Sammelpunkt, dieses besitzt u. a. auch eine Wanderausstellung. Die Hygiene des Kindesalters ist das Arbeitsfeld der Stiftung „*Pro juventute*" (Zürich, Untere Zäune 11), das in Verbindung mit Fürsorge mustergültige Belehrungsarbeit leistet (Pressepropaganda, Zeitschrift „Pro Juventute", Merkblätter und Bücher, Verleihung von Lichtbildern und Filmen, Wanderausstellung über Mutter- und Säuglingspflege; s. dazu Lit. 37, 212). — Hygienischer Schulunterricht wird nur an den Lehrerseminaren planmäßig durchgeführt.

In *Italien* ist der hygienische Schulunterricht durch Gesetz vom 1. X. 1923 bzw. durch die darauf zurückgehenden Lehrpläne und Lehrvorschriften (128) in allen Volksschulen eingeführt. In den unteren Klassen beschäftigt sich der Unterricht besonders mit der Bedeutung von Sauberkeit, Luft, Sonne, Klima — dann mit ansteckenden Krankheiten, Tuberkulose usw. Vom 5. Schuljahr an wird er umfangreicher und bezieht Anatomie und Physiologie, Leibesübungen, Besuche von Wäschereien, Fleischereien, Werkstätten, Krankenhäusern, hygienischen Laboratorien u. dgl. mit ein. Anschauliche Darstellungen, Experimente, Gewöhnung an hygienisches Verhalten, besonders an Sauberkeit, sind ausdrücklich vorgeschrieben.

Eine führende Rolle spielt das unter Leitung von ETTORE LEVI stehende *Istituto Italiano d'Igiene, Providenza ed Assistenza Sociale* (315) in Rom (Palazzo Sciarra, Via Minghetti 17). Die von ihm herausgegebene Zeitschrift „Difesa sociale" beschäftigt sich auch regelmäßig mit Fragen der hygienischen Volksbelehrung. Erwähnung verdient ferner die rührige *Gesellschaft für Unfallverhütung* (Associazione degli Industriali d'Italia per prevenire gli infortuni del lavoro,

[1]) Die moralische Seite der Hygiene, ebenso wie die seelische Hygiene werden in den romanischen und den englisch sprechenden Ländern im Vergleich zu den deutsch sprechenden stärker gepflegt (s. S. 30, 78). In der *älteren* deutschen Literatur [s. z. B. ED. REICH (51, 52)] steht die moralische Hygiene allerdings weit mehr im Vordergrund, auch ist die volkstümliche Volksgesundheitspflege in Deutschland stark von sittlichen Momenten beeinflußt.

Mailand, Piazza Cavour 4). Sie gibt eine Zeitschrift „La sicurezza e l'igiene nell' industria" heraus und verfügt über eine ständige Ausstellung in Mailand.

Durch künstlerische Gestaltung zeichnen sich die vom *Italienischen Roten Kreuz* (Croce Rossa Italiana) geschaffenen Plakate aus. Neuerdings ist beabsichtigt, in Mailand ein nach Viktor Emanuel III. benanntes Institut zum Kampf gegen den Krebs zu errichten, von dem aus eine energische Propaganda entfaltet werden soll.

Frankreich. Wie anderwärts wird auch hier die hygienische Volksaufklärung vorwiegend von freiwilligen Organisationen besorgt. Besonders eifrig ist das *Comité National de Défense contre la Tuberculose* (66 rue Notre-Dame-des Champs, Paris VIe). Mit Unterstützung des Rockefeller-Instituts hat es im Laufe der letzten Jahre in fast sämtliche Departements fliegende Propaganda-Abteilungen entsandt, die mit transportablen Filmapparaten, volkstümlichen Vorträgen, Ausstellungen, illustrierten Flugschriften, Plakaten usw. arbeiten. Im Jahre 1919 wurden 3 Millionen Menschen von dieser Belehrung erfaßt, mehr als 3 Millionen Drucksachen zur Verteilung gebracht.

Auf entsprechender Linie bewegt sich die Tätigkeit der Ligue Nationale contre l'Alcoolisme (Dr. Riémain, Boulevard St.-Germain 147, Paris) und der anderen alkoholgegnerischen Organisationen, der Ligue contre le péril vénerién, des Comité National de l'Enfance (37 Avenue Victor Emanuel III Paris VIIIe). Das *Musée d'hygiène sociale* in Paris, geleitet von M. C. Roéland, veranstaltet fortlaufend Vorträge zur Aufklärung der Bevölkerung und steht auch den Schulen zum Besuch offen.

Belgien. Das Belgische Rote Kreuz (80 Rue de Livourne, Brüssel) entfaltet eine lebhafte Propagandatätigkeit. Ebenso arbeiten auf ihren Sondergebieten verschiedene Gesellschaften, z. B. Société Belge de Protection de l'Enfance, Association contre la Tuberculose, Ligue Belge contre le Cancer, Association Belge d'hygiène mentale (s. S. 78), Ligue patriotique contre l'Alcoolisme, Fédération des Sociétés antialcooliques Belges d'abstinence totale u. a. m. Zum Teil arbeiten die Organisationen planmäßig zusammen und haben u. a. auch hygienische Lehrerkurse veranstaltet. Die Hilfsmittel sind die üblichen.

In *Holland* ist die Zahl der einschlägigen Vereine sehr groß. Die agitatorische Arbeit steht besonders hinsichtlich der verwendeten Werbedrucksachen auf bemerkenswerter Höhe. Den amtlichen Mittelpunkt bildet der „*Gezondheidsraad*", 's Gravenhage, Dr. Küpperstraat 8, der Mitteilungen über Volksgesundheit, aufklärende Drucksachen u. dgl. herausgibt (vgl. z. B. das Plakat „Verdelgt Muggen" Abb. 1). Aus der Menge der Einzelorganisationen sei besonders „*Het Nederlandsche Instituut voor Volksvoeding*" (Volksernährung), Amsterdam, hervorgehoben, das, abgesehen von dem staatlichen Laboratorium Dr. Hindhedes in Kopenhagen, in europäischen Ländern wohl nicht seinesgleichen hat, wie denn überhaupt in den meisten Ländern Ernährungsfragen mit Ausnahme der Säuglingsernährung unverhältnismäßig wenig Beachtung finden. — Museen, Wanderausstellungen über Volksgesundheit, Tuberkulose, Alkoholismus, für Eltern und Erzieher, über Wohnungseinrichtung usw. sind in verschiedenen Formen vertreten (s. z. B. 350 und S. 58). Das „*Veiligheids-Museum*", Amsterdam, Hobbemastraat 22, ist ein gewerbehygienisches Museum nach Art der Charlottenburger Ständigen Ausstellung (s. S. 64). — Der hygienische Schulunterricht, auch für die angehenden Lehrer, wird noch als mangelhaft bezeichnet. Zum Teil wird Wanderunterricht erteilt. In Vorbereitung befindet sich ein Lehrbuch der Tuberkulosebekämpfung.

Im Jahre 1921 hat in Amsterdam eine Internationale Hygieneausstellung stattgefunden (371), an der auch das Deutsche Hygiene-Museum beteiligt war; im Oktober 1922 wurde daraufhin noch eine besondere Ausstellung „Der Mensch" vom Hygiene-Museum veranstaltet.

Großbritannien. Eine ebenso umfassende, wie in die Tiefe gehende Darstellung von Organisation und Ausbreitung, Aufgaben und Methoden, Vorzügen und Schwächen der hygienischen Belehrung in England, wie wir sie von keinem anderen Land besitzen, gibt G. NEWMAN, Chief Medical Officer im Gesundheitsministerium und im Erziehungsamt in einer an den Gesundheitsminister gerichteten Denkschrift (321). Sie enthält eine Menge wertvoller Gedanken und praktischer Erfahrungen von allgemeiner Bedeutung. Besonders glücklich ist dabei die Durchdringung des Stoffs mit *erzieherischen* Gedanken, wozu die eigenartige amtliche Doppelstellung des Verfassers (s. oben) nicht wenig beitragen mag.

Die öffentlichen Einrichtungen der Gesundheitspflege sind nach NEWMAN so weit als nur möglich ausgebaut, die öffentliche Meinung in Gesundheitsdingen hat aber damit nicht Schritt gehalten (s. oben S. 2). Bis zu gewissem Grad ist durch die öffentlichen Einrichtungen der einzelne der Eigentätigkeit entwöhnt, weil ihm die früher obliegenden Aufgaben, z. B. der Sauberhaltung der Straße, von der Allgemeinheit abgenommen werden. Deshalb muß er zur Selbsttätigkeit erzogen werden. Er muß lernen, die kleinen Alltagsschädlichkeiten z. B. im Hause zu vermeiden (Reinlichkeit, Lüftung, Verhütung auch harmloser Ansteckungen usw.) und seinen Körper durch Pflege und Übung zu kräftigen. Propaganda und in allererster Linie individuelle *Erziehungsarbeit* ist dazu notwendig. „*Nur ein erzogenes Volk ist ein leistungsfähiges Volk.*“ Die im Jahre 1907 eingeführte ärztliche Untersuchung der Schulkinder bedeutet einen großen Schritt vorwärts auf diesem Weg, weil Kind und Eltern dadurch stark auf die Gesundheitspflege hingelenkt werden.

Klar grenzt NEWMAN die Aufgaben der zentralen und der lokalen Stellen gegeneinander ab. An zentraler, behördlicher Stelle können nur Erfahrungen gesammelt, kann Anregung und Förderung gegeben werden. Die zentralen Behörden können größtenteils nur mittelbar arbeiten, indem sie in all ihren Abteilungen durch Veröffentlichungen, Verordnungen usw. für Verbreitung von Erkenntnissen und Erfahrungen sorgen. Die Erziehungsbehörde, der hierin das Meiste zu leisten bleibt, hat in der *Elementary Education Provisional Code 1922* festgesetzt, daß in den Schulen für ältere Kinder Hygiene und Körperübung in einer dem Alter und dem Verständnis der einzelnen Klassen angemessenen Weise behandelt werden müssen. Ebenso ist für Unterricht in Säuglingspflege usw. Sorge getragen.

Der Schwerpunkt der Arbeit liegt bei den *örtlichen Stellen* (zu denen NEWMAN auch die besondere Fragen bearbeitenden Organisationen rechnet). Nur sie kennen die örtlichen und Einzelbedürfnisse genügend. Sklavische Nachahmung anderwärts geübter Methoden ist von Übel, nur große Beweglichkeit und Anpassung an die jeweiligen Verhältnisse kann fruchtbringend sein. NEWMAN führt eine ganze Reihe von Beispielen erfolgreicher örtlicher Arbeit an, hält aber auch mit der Kritik an unzulänglichen Methoden nicht zurück (zusammenhangloses Arbeiten, ungenügende Kenntnisse usw.).

Als beste Erziehungsmittel betrachtet er hygienisch einwandfreie Lebensverhältnisse und einen gut arbeitenden Gesundheitsdienst [gute Wohnungen, Wasserleitungen, Straßenreinigung[1])]. Im übrigen können und sollen Behörden

[1]) Die öffentliche Gesundheitspflege und Fürsorge ist insofern anders als bei uns organisiert, als der von der Stadt bzw. der Grafschaft, nicht vom Staat angestellte *Amtsarzt* (Medical Officer of Health) nichts mit gerichtlicher Medizin u. dgl. zu tun hat, dafür aber das gesamte Gesundheitswesen, besonders auch die Gesundheitsfürsorge, leitet. Dadurch ist er eine populäre Persönlichkeit, die auch in der hygienischen Belehrung eine wichtige Rolle spielt. So hängen [nach TIETZE (69)] z. B. in Edinburgh überall auf den Straßen kleine Täfelchen mit Aufschriften wie „Nicht ausspucken“, „Gebt den Kindern keinen Alkohol“, „Mütter, bringt die Säuglinge in die Mütterberatung“, immer unterschrieben „says the M. O. H.“ (sagt der Stadtarzt).

selbst nicht Propaganda treiben. Private Organisationen entfalten meist mehr Eifer und Begeisterung und sind auch, z. B. in der Kritik von Mißständen, weniger gebunden als Behörden. Von den 23 Organisationen und Einrichtungen, die NEWMAN aufzählt, sind am bemerkenswertesten das Rote Kreuz, das sich besonders der Aufklärung auf dem Lande widmet, das schon 1876 gegründete *Royal Sanitary Institute* (90 Buckingham Palace Road, London SW 1), das zur Verbreitung hygienischer Kenntnisse bestimmt ist, ein Hygiene-Museum besitzt, u. a. Prüfungen von Sanitätspersonal vornimmt, Kongresse u. dgl. veranstaltet und erst im Herbst 1924 eine große Gesundheitswoche durchgeführt hat (s. S. 33), ferner *The National League for Health, Maternity and Child Welfare*, Carnegie House 117, Picadilly, W 1 London (eine Zusammenfassung von 8 Organisationen mit ähnlichen Zielen), die *Food Education Society*, Danes Inn House, 265 Strand, WC 2 London, die *National Association* for the Prevention of Tuberculosis, 20 Hannover Square, W 1 London.

Von den kritischen Anmerkungen NEWMANS über die Verwendung verschiedener Hilfsmittel sind besonders die über den *Film* beachtlich. In Übereinstimmung mit unseren eigenen Erfahrungen (s. S. 54) gibt er zu, daß der Film die auf ihn gesetzten Erwartungen nicht erfüllt hat. Zwischen den Wünschen des Publikums und der Kinobesitzer nach dramatischer Gestaltung und den Bedürfnissen des hygienischen Unterrichts ist der Mittelweg schwer zu finden. Auch sind die Kosten der Herstellung hinderlich, weil die Zahl der absetzbaren Kopien zu klein ist.

Von anderer Seite wird als Erfolg der Filmpropaganda berichtet, daß die Zahl der Neuzugänge in Behandlungsstellen für Geschlechtskranke von 1922 im Jahre 1918 auf 5612 im Jahre 1922 gestiegen ist und sich seitdem über 6000 hält. Wenn daneben (nach Dr. HIDD) unter 16 500 Neuzugängen in Londoner Kliniken 24% sich als nicht krank erwiesen, so sind damit auch die Nachteile einer zu stark auf Abschreckung, anstatt auf Weckung besserer Instinkte gerichteten Propaganda gekennzeichnet.

Von NEWMAN stark betont werden die Vorteile des *Rundfunk* (Broadcasting) mit seinen Hunderttausenden von Hörern. Vorteilhaft ist das natürliche Bestreben der Gesellschaft, die Vorträge recht anziehend zu gestalten.

Über die *englischen Kolonien*, wie auch über andere Länder, macht NEWMAN ebenfalls einige Angaben. In *Canada* ist die Tätigkeit der Behörden ähnlich wie in den *Vereinigten Staaten* organisiert (s. unten), ebenso, nur weniger ausgedehnt, in *Neu-Seeland*, während in *Südafrika* und *Australien* nur wenig geschieht. In *Indien* sind im Jahre 1921 Richtlinien für die hygienische Propaganda erlassen worden, die den örtlichen Behörden als Anhalt dienen. Als Hilfsmittel dient neben Vorträgen und Drucksachen vor allem die Unterrichtung der Lehrer.

Dänemark. Unterricht in Gesundheitslehre ist in den oberen Klassen aller Gemeinde- und Privatschulen seit 1906/07 vorgeschrieben. Wie in anderen Ländern sind die sozial-hygienischen Organisationen die Hauptträger der Aufklärungsarbeit, eine einheitliche Zusammenfassung besteht nicht. Die bedeutendste Vereinigung ist das Rote Kreuz. Aufklärend wirkt auch das Staatsgesundheitsamt (Sundhedsstyrelsen). Ein „Komiteen til Oprettelse af en permanent Udstilling for Hygiejne" stellt Unterrichtsmaterial für Vorträge zur Verfügung und veranstaltet Ausstellungen (z. B. Ausstellung „Der Mensch", März 1924, in Verbindung mit dem Deutschen Hygiene-Museum). Der Bedeutung der *Volkshochschulbewegung* ist schon an anderer Stelle (S. 25) gedacht.

Finnland. Seit 1911 besteht eine ständige Ausstellung für Arbeiterschutz und -wohlfahrt (Staatl. Sozialmuseum) nach dem Vorbild von Charlottenburg in Helsingfors, Esplanadgatan 4. Außer der Gewerbehygiene im engeren Sinne ist auch Sozialhygiene, Alkoholismus, Tuberkulose, Ernährung usw. berücksichtigt (das Anschauungsmaterial stammt großenteils aus dem Deutschen Hygiene-Museum). Im Verhältnis zur Einwohnerzahl ist auch die sonstige Belehrungstätigkeit im Lande ziemlich rege.

In *Lettland* ist 1923 durch Gesetz die Einführung des Hygieneunterrichts beschlossen worden. In allen staatlichen, Gemeinde- und Privatschulen in den Oberstufen, sowie in den Berufsschulen soll diesem Unterricht die größte Beachtung geschenkt werden. Auf die Gefahren des Alkoholismus soll dabei besonders aufmerksam gemacht werden. Der Unterrichtsminister wird die Schulprogramme auf die Durchführung des Gesetzes nachprüfen. In Riga, Reval und Dorpat haben im Jahre 1924 größere Ausstellungen des Deutschen Hygiene-Museums („Der Mensch") stattgefunden.

In *Litauen* wird hygienischer Unterricht nur an der Universität und einigen Mittelschulen erteilt. Von dem Gesundheitsamt (Sveikatos Departementas) werden Wanderausstellungen über Spezialgebiete mit Material aus dem Deutschen Hygiene-Museum veranstaltet.

In *Polen* ist im gleichen Jahr die Belehrung über den Alkoholismus in der Schule durch Rundschreiben des Kultusministeriums an die Provinzialschulräte angeordnet worden.

Für die Oststaaten von Wichtigkeit ist auch die Tätigkeit der „*Ose*" (Gesellschaft für Gesundheitsschutz der Juden), die in Berlin (W 57, Frobenstr. 4), London, Paris, Lettland, Litauen, Polen und Rumänien Organisationszentren unterhält. Sie hat eine große Anzahl von Belehrungsschriften und Plakaten in jiddischer Mundart und hebräischer Schrift geschaffen. Durch eine vom Deutschen Hygiene-Museum hergestellte Wanderausstellung soll ebenfalls Belehrung in die Kreise der Ostjuden gebracht werden, die durch ihre großenteils recht unhygienische Lebensweise eine ständige Gefahr auch für den Westen Europas bedeuten.

Ungarn gehört zu den Staaten, die am frühesten (1876) hygienischen Schulunterricht eingeführt haben. Das Soziale Museum Budapest hat schon vor dem Krieg eine bemerkenswerte Aufklärungstätigkeit entfaltet.

In *Jugoslawien* ist ein hygienischer Schulunterricht noch nicht einheitlich durchgeführt. Das Gesundheitsministerium hat im Jahre 1920 eine energische Aufklärungstätigkeit angeordnet und ist mit sichtlichem Erfolg bemüht, durch Verbreitung von Drucksachen, Plakaten, Filmen usw. belehrend zu wirken. Im Jahre 1921 sind beinahe 1 Million Franken dafür aufgewendet worden (324). Eine sechs Monate dauernde Ausstellung in Belgrad (347), geschaffen von dem Leiter des „Laboratoire de recherche pour les maladies tropicales", Professor Dschunkovsky, beschäftigte sich besonders mit der wichtigsten Krankheit des Balkans, der Malaria. Bevorzugte Aufmerksamkeit findet auch der Alkoholismus, zu seiner Bekämpfung sind besondere „Stationen" eingerichtet.

In jeder Hinsicht vorbildliche Arbeit hat der Leiter der Gesundheitsabteilung in *Novij Sad*, Dr. Markovicz, geleistet (316). Nachdem die ersten Versuche mit Lehrgängen unbefriedigend verliefen, ging Markovicz ins Volk und organisierte „Hygienische Dörfer", d. h. große, Auge und Ohr in gleicher Weise in Anspruch nehmende Veranstaltungen von $1-1^1/_2$ Stunden Dauer und vor einem Hörerkreis von 1000 und mehr Personen. Durch geschickte Anordnung: Steigerung vom theoretischen Vortrag zum Lichtbild, weiter zum Film und schließlich zum Theaterstück (Markovicz selbst hat mehrere Bühnenstücke verfaßt), durch weitgehende Anpassung an den Bildungsgrad und Interessenkreis der Zuhörer, durch Heranziehung aller Hilfsmittel, wie Drucksachen, Plakate, Wanderkino, und durch die Mitarbeit geeigneter Lehrer und Ärzte, ist es

MARKOVICZ gelungen, in etwa 2 Jahren mehr als 800 Vorträge zu veranstalten. Den Gegenstand der Belehrung bildeten in erster Linie die ansteckenden Krankheiten, besonders Geschlechtskrankheiten und Tuberkulose, Säuglingspflege und Bevölkerungspolitik (Rassenhygiene). Als Erfolg der letzteren Vorträge wird u. a. mitgeteilt, daß die Bauern die Ärzte vor der Eheschließung häufiger über den Gesundheitszustand ihrer Söhne, Schwiegersöhne und oft auch der Bräute befragen. Dieser Erfolg zeigt, was eine energische Persönlichkeit auch unter ländlicher, ungebildeter Bevölkerung zu leisten vermag.

Rußland. Seitdem in den Cholerajahren 1891—1892 Ärzte und Sanitätspersonal von den unwissenden Bauern mißhandelt und erschlagen worden waren, ist eine ungemein zähe, systematische Aufklärungsarbeit geleistet worden (292, 323), vor allem von der *Pirogoffschen Kommission für Schulhygiene und Verbreitung hygienischer Kenntnisse im Volk* (gegr. 1893). Der ganze Fragenkomplex ist von dieser Kommission mit einer Gründlichkeit bearbeitet worden, der um so mehr Bewunderung abnötigt, als zu dieser Zeit in den westlichen Staaten die hygienische Belehrung noch in den allerersten Anfängen stak. Schon im Jahre 1903 wurde eine Erhebung über den Organisationszustand der hygienischen Belehrung bearbeitet. Lehrmittel (statistische Tafeln, Photographien, Lichtbilder, Plakate) wurden geschaffen und käuflich abgegeben, Lichtbilder später auch ausgeliehen. Die Ausbildung von Wanderrednern wurde eingeleitet, Wanderausstellungen (seit 1910) organisiert, selbst ein Zentralmuseum von Hilfsmitteln zum Unterricht in Medizin und Hygiene war vor dem Krieg im Entstehen begriffen. Im Zusammenhang mit der Gesamtrussischen Hygieneausstellung (St. Petersburg 1913, Mai—September) hat KATZ (356) auf Grund ausgedehnter Erfahrungen Richtlinien für Wanderausstellungen aufgestellt, die nach der pädagogischen wie nach der organisatorischen Seite schlechthin als mustergültig angesprochen werden müssen.

Die Räterepublik ist auf diesem Weg zielbewußt weitergegangen, die straffe Zentralisation hat ihr dabei, ebenso wie dem zaristischen Rußland, die Arbeit wesentlich erleichtert. Die Sowjetregierung betrachtet die hygienische Volksbelehrung als Teil der allgemein politischen Bildungsarbeit und überläßt sie daher nicht „dem Zufall oder guten Willen dieser oder jener ärztlichen Organisation oder Gesellschaft" (Semaschko 332), sondern fügt sie organisch in das Gesundheitswesen ein (s. u. a. 333). Im Februar 1921 veranstaltete das Volkskommissariat eine besondere Konferenz zur Förderung der hygienischen Belehrung. Organisierend und aufklärend tätig ist an erster Stelle das *Staatliche Institut für soziale Hygiene* in Moskau, Wodswischenka 14 (Prof. A. MOLKOF), das auch über eine ständige Lehrausstellung für den Volksgesundheitsschutz verfügt. In 15 (ursprünglich 40) größeren Provinzstädten bestehen Hygieneaufklärungsheime mit Büchereien, Vortragsräumen, Bücherlagern und Anschauungsmitteln, stellenweise auch Werkstätten zur Herstellung von Anschauungsmitteln. Von 1919 bis 1922 wurden 13 Millionen Drucksachen verbreitet.

Den Methoden der Belehrung, insbesondere auch dem hygienischen Schulunterricht, der Schaffung von Anschauungsmitteln, dem Ausstellungswesen, der Benutzung der Bühne wird größte Aufmerksamkeit gewidmet, wovon die Arbeiter von MOLKOF (129), SEMASCHKO (332) und STRASCHUN (67, 68) Zeugnis ablegen. In den Klubs, den „Bauernhäusern" und -Lesestuben wurde die Hygiene zur Geltung gebracht. Hervorzuheben ist die starke Betonung der erzieherischen Seite („Die Gesundheitsfrage der Werktätigen ist die Sache der Werktätigen selbst") und der hygienischen Propaganda durch die Tat. Auch der Schulunterricht ist, in Übereinstimmung mit den von uns entwickelten Anschauungen, auf diesen Grundsatz eingestellt. Durch hygienische Gewöhnung sucht er zur hygienischen Tat zu führen, eigene Beobachtung, am Körper wie im Experiment, nehmen einen breiten Raum ein.

In der *Türkei* wird von Staatswegen, wie von privater Seite tatkräftig an der Erziehung der Bevölkerung, besonders zur Bekämpfung der ansteckenden Krankheiten (Syphilis, Tuberkulose, Malaria) gearbeitet. Da 80% der Bevölkerung Analphabeten sind, bereitet dies nicht geringe Schwierigkeiten. Am meisten fortgeschritten sind die Bekämpfungsmaßnahmen in Stambul. In einem besonderen Hygienemuseum ist das Wesen der Volkskrankheiten, ihre Erscheinungsweise, ihre Übertragung usw. in Wachsabgüssen und Bildern dargestellt, welche letztere von einem Arzt und Künstler, Dr. Hikmet-Bey stammen. Kopien dieses Museums, das von dem Chef des Sanitätsdienstes und Leiter der Malariabekämpfung, Dr. Osman Chereff ed din-Bey geschaffen worden ist, befinden sich in Angora und Smyrna. In der Provinz wird die Aufklärung hauptsächlich von den zahlreichen, mit mehreren Ärzten, Schwestern und Sanitätsleuten besetzten Fürsorgestellen („Dispensaires") getragen, von denen auch kostenlose Behandlung ausgeübt wird. — Die allgemeine Belehrungsarbeit liegt vor allem in den Händen der Ärzte und Lehrer, aber auch des Sanitätspersonals usw. Von Ärzten werden vielfach öffentliche Vorträge gehalten. In den höheren Schulen wird von ihnen der einschlägige Unterricht erteilt, in den Volksschulen geschieht dies durch die Lehrer, wozu auch einige Unterrichtsmittel (Wandtafeln) zur Verfügung stehen.

Private Aufklärungsarbeit wird in erster Linie von dem Psychiater Prof. Mazchar Osman (Stambul-Skutari, Städt. Irrenanstalt) geleistet. Zusammen mit seinem Assistenten Nedgati Kemal gibt er eine Zeitschrift *Sichi-Sachi-falar* (Gesundheitsblätter) heraus, die belehrende Aufsätze, vorwiegend über die Alkoholfrage, aber auch über andere gesundheitliche Fragen enthält. Auch die Tagespresse ist für diese Fragen sehr zugänglich. Mazchar Osman ist zugleich Gründer und Leiter des Blauen Halbmondes, einer Abstinenzorganisation, die die Bevölkerung wieder zu den vergessenen Lehren des Koran zurückzuführen sucht (besonders der eingedrungene französische Wein wird bekämpft) und die in den letzten Jahren im ganzen Land stark an Anhängerschaft gewonnen hat.

Die *Vereinigten Staaten* marschieren, was den Umfang der Propaganda und die aktive Beteiligung der Behörden an ihr angeht, unstreitig an der Spitze aller Kulturländer (321). In der Mehrzahl der Bundesstaaten und in den meisten größeren Städten gibt es bei der Gesundheitsbehörde eine besondere Propagandaabteilung. Überall werden Pressemitteilungen, z. T. auch besondere Zeitschriften herausgegeben, so z. B. vom Staat New York die „Health News"; Veranstaltung von Vorträgen mit und ohne Films, Ausstellungen, Verbreitung von Plakaten, Flugblättern usw. werden als Aufgaben der Gesundheitsbehörden angesehen. Die dabei zur Anwendung kommende hochentwickelte Propagandatechnik ist zu bekannt, als daß sie hier näher geschildert zu werden brauchte. Hervorgehoben sei nur der starke praktische und Nützlichkeitseinschlag, der diesen Bemühungen für unsere Begriffe leicht den Anstrich des Äußerlichen, Mechanischen gibt und dem *Bildungs*wert der Hygiene wohl nicht genügend Rechnung trägt, obwohl unablässig an der methodischen und wissenschaftlichen Vertiefung gearbeitet wird.

Als wissenschaftliche Zentrale für die Vereinigten Staaten dient der *Federal Public Health Service*, der insbesondere Nachrichten für die Presse, aber auch Films u. dgl. herausgibt und — seit 1921 — Rundfunkvorträge veranstaltet. Gegenwärtig werden jede Woche von 29 Sendestationen aus drei Zehn-Minuten-Vorträge durch die Bundesbehörde abgehalten, ihr Inhalt wird am nächsten Tage in den Zeitungen veröffentlicht.

Die Methoden des hygienischen Schulunterrichts sind in diesem seinem Mutterland (s. S. 16) selbstverständlich in ganz besonderem Maße durchgearbeitet worden. Eine Reihe, vom Ministerium des Innern herausgegebener Schriften (92) gibt einen Einblick nicht nur in den Gesundheitsunterricht selbst, sondern auch in die in so wesentlichen Punkten von der europäischen verschiedene Psyche und in die nicht weniger anders geartete Lebensweise des Amerikaners. Letzteres um so mehr, als die Gesundheitspflege des Kindes in den Mittelpunkt des Unterrichts gerückt ist. Das Messen und Wiegen, das Verfolgen der eingetragenen Kurven im Sinne gegenseitigen Wettbewerbs, die Besprechungen der Ernährung, nehmen einen für unsere Anschauungen entschieden zu breiten Raum ein[1]).

Den Vorschlägen für ein Programm der Gesundheitslehre in den Elementarschulen liegt eine praktische Einteilung der Kinder in drei Stufen zugrunde: die erste vom 1.—4., die zweite vom 4.—6., die dritte vom 6.—7. Schuljahr. Während in der ersten Stufe Spiel und Phantasie vorherrschend als Mittel zur Aneignung hygienischer Begriffe dienen (besonders gern werden selbstgefertigte Bilder verwendet), wird in der zweiten schon mehr die Wirklichkeit zur Beachtung herangezogen. Erlebnisse des Alltags, Fragen der Schulhygiene werden behandelt, Berechnungen (z. B. bei Einkäufen), graphische Darstellungen, aber auch Dramatisierung von Vorgängen und Aufsätze sollen das Interesse an der Gesundheitspflege wecken. Die dritte Stufe bezieht soziale Gesichtspunkte in den Unterricht mit ein. So werden „Civic and health Clubs" gebildet, die den Gemeinschaftssinn entwickeln helfen sollen. Besichtigungen auf dem Lebensmittelmarkt, in Geschäften usw. sollen zum Nachdenken und zur Kritik anregen. Das Interesse für den eigenen Körper — bei den Knaben als Kraftbewußtsein, bei den Mädchen als Schönheitssinn — wird in den Dienst der Körpererziehung und Pflege gestellt.

In allen Stufen kehren 8 Gesundheitsregeln für den Tageslauf wieder, die den Kindern in Wort und Schrift eingeprägt werden und folgenden, nicht durchweg unanfechtbaren Inhalt haben[2]):

1. Ein Vollbad öfter als einmal in der Woche.
2. Zähneputzen wenigstens einmal am Tag.
3. Lange Zeit schlafen bei offenem Fenster.
4. So viel Milch trinken wie möglich (!), aber keinen Kaffee oder Tee.
5. Jeden Tag Gemüse und Obst essen.
6. Mindestens 4 Glas Wasser jeden Tag trinken (!).
7. Einen Teil des Tages im Freien spielen.
8. Einmal Stuhlgang jeden Morgen.

---

[1]) Die Empfehlung reichlicher Ernährung, insbesonders von Milch, das Bestreben, allen Kindern ein zweites Frühstück zu verabreichen usw., kehrt überall als eine besonders wichtige Frage in den meisten Schriften wieder.

[2]) SEIFFERT, der sich, wie erwähnt, mit Erfolg bemüht, die Erfahrungen Amerikas für uns auszuwerten, schlägt folgende, für deutsche Verhältnisse besser geeignete, freilich auch weniger knappe Fassung vor (151):

1. Wasche morgens Gesicht, Hals und Hände gründlich mit Seife. Wasche vor jedem Essen die Hände. Halte deine Fingernägel rein.
2. Putze morgens und abends deine Zähne.
3. Bade dich wöchentlich einmal oder wasche mindestens den ganzen Körper ab. Vergiß nicht, recht häufig die Füße zu waschen.
4. Iß langsam und kaue gut. Iß viel Gemüse. Trinke kein Bier.
5. Bürste täglich deine Kleider (aber nicht im Zimmer). Reinige deine Schuhe vor Betreten der Wohnung und Schule.
6. Schlafe lange bei offenem Fenster. Geh früh ins Bett.
7. Spiele täglich im Freien. Geh gerade.
8. Spucke nicht auf den Boden.
9. Huste und niese niemandem ins Gesicht. Halte beim Husten und Niesen Taschentuch oder Hand vor den Mund. Atme durch die Nase.
10. Vergiß nicht, morgens regelmäßig deine Notdurft zu verrichten.

Verbesserungsbedürftig erscheinen daran noch Nr. 1, 3 und 4. Gründliche Reinigung, auch der Füße, sollte auch für jeden Abend, vor dem Schlafengehen, verlangt werden, auch

Dem Zwecke des hygienischen Unterrichts dienen ferner auch „Gesundheitslieder“, die es für jede Altersstufe gibt und die ebenfalls einfache hygienische Wahrheiten einprägen sollen, Aufführungen selbstgefertigter Stücke hygienischen Inhalts in Kasperle- und Schattentheatern usw.

Von dem Geiste des Unterrichts geben schon die dem Health Teaching Programm (92) entnommenen Kapitelüberschriften eine gute Vorstellung: „Das Ziel der Gesundheitserziehung ist: Gesunde Kinder. — Jeder Schulanfänger bedarf zum Schulbeginn einer gründlichen körperlichen und geistigen Untersuchung. — Individueller Gesundheitsunterricht durch alle Stufen ist weit wichtiger als irgend ein festgelegter Lehrgang. — Wäge und messe Schulkinder regelmäßig. — Übermittle allmonatlich den Eltern das Gewicht. — Verbinde Freude mit der Übung hygienischer Gewohnheiten. — Benutze Gelegenheiten in der Schule um Gesundheitsregeln aufzustellen. — Stelle im Lehrplan eine bestimmte Zeit dem Unterricht und der Überwachung der Gesundheit zur Verfügung (NB.: mit der Überwachung der Sauberkeit werden bestimmte Kinder beauftragt, vgl. S. 19). — Erstrebe Zusammenarbeit von Eltern und Gemeinde. — Gesundheitslehre soll mit Gemeinsinn verknüpft sein. — Bemühe dich, wohltuende Interessen und Bestrebungen in deinen Schülern zu entwickeln. — Schulärzte sind nötig. — Man braucht Schulpflegerinnen als Bindeglied zwischen Schule und Heim. — Es sollte auch in Gesundheitslehre Zensuren und Beförderungen geben, wie in anderen Fächern. — Um Erfolge in Gesundheitslehre zu haben, müssen die Lehrerinnen (s. S. 16) Beispiel geben für das, was sie lehren. — Etwas Gesundheitslehre kann jeder Lehrer geben. — Ein Lehrplan für jede Klasse sollte in Zusammenarbeit mit einem in dieser Klasse erfolgreichen Lehrer ausgearbeitet werden. — Ein guter Gesundheitskampfruf: „Laßt uns Gesundheit zur Mode machen.“ — Besondere Gesundheitsklassen sind notwendig für schlechternährte Kinder (NB: vorgesehen sind neben Ernährungsfürsorge u. a. besondere Ausruhemöglichkeiten). — Hauswirtschaftliche Kenntnisse sollten mit hygienischen Gewohnheiten vertraut machen. — Die Ausstattung der Schulräume soll passend und anpassungsfähig sein. — Hygiene des Auges und Ohres. — Kümmere dich

---

dürfte die Forderung nach täglicher Ganzwaschung in solche Regeln ruhig mitaufgenommen werden. Bei Nr. 4 müßten Wein und Schnaps mit erwähnt werden.

Recht glücklich ist die Form, die das Österreichische Jugendrotkreuz gewählt hat. Es gibt ein Formular „*Der Kampf um die Gesundheit*“ aus, auf dem im Verlauf von 18 Wochen jeden Tag mit einem Kreuzchen eingetragen wird, welche hygienischen Forderungen das betr. Kind erfüllt hat. In den ersten 6 Wochen sind es 7, in den zweiten 9, in den dritten 11 solcher Gebote:

1. Ich habe heute früh Hände und Gesicht gewaschen.
2. Ich habe vor jedem Essen die Hände gewaschen und die Nägel geputzt.
3. Ich habe morgens die Zähne mit der Zahnbürste geputzt.
4. Ich habe an den folgenden Tagen gebadet oder den ganzen Körper gewaschen (zählt zwei Kreuzchen).
5. Ich bin vor 8 Uhr abends zu Bett gegangen.
6. Ich habe langsam gegessen. Ich habe heute (früh) Stuhlgang gehabt und den Abort rein gehalten.
7. Ich habe bei offenem Fenster geschlafen.
8. Vor dem Schlafengehen habe ich die Zähne geputzt.
9. Ich habe meine Haare ordentlich gekämmt und gebürstet.
10. Ich habe vor dem Schlafengehen Hände und Füße gewaschen und meine Kleider gereinigt.
11. Ich habe auf der Straße nichts weggeworfen.

Im ersten Abschnitt werden mindestens 41, im zweiten 52, im letzten 64 Kreuzchen verlangt. Auch das Gewicht wird aller 6 Wochen eingetragen. Das Formular wird von dem Kind selbst, vom Vater (der Mutter) und vom Lehrer (Lehrerin) unterschrieben und abgeliefert, dann wird ein neues Blatt begonnen. Trotz gewisser Bedenken gegen dieses „Gesundheitsspiel“ hat das Vorgehen zu überzeugendem Erfolg geführt.

in jeder Klasse um die Zahnpflege. — Zusammenarbeit aller Kräfte, die für die kindliche Gesundheit arbeiten. — Gesundheitslehre ist Gewohnheitsausbildung. — Eintönige Wiederholung muß vermieden werden. — Packe die Sache von verschiedenen Seiten an. — Die Regeln des Tageslaufs. Wiegen und Messen. — Tägliches Lehren der hygienischen Gewohnheiten. — Milchfrühstück. — Richtlinien für Ernährungsklassen. — Ernährungsklassen = früher Kochklassen. (NB.: Jungen und Mädchen sollen Ernährungslehre und Kochen lernen). — Gesundheitsdirektor. (NB.: Als erstrebenswert wird eine besondere Persönlichkeit im Rahmen der Schule bezeichnet, die sich um alles kümmern soll, was Körperpflege und Körpererziehung angeht.) — Die Psychologie verlangt für den Gesundheitsunterricht in den unteren Elementarklassen spielerischen Geist.“ — Abgesehen von diesen amtlichen und halbamtlichen Veröffentlichungen ist die hygienisch-pädagogische Literatur ungemein groß. Als besonders bemerkenswert seien hervorgehoben die Berichte über mehrere große Kongresse (140—142), ferner das Werk von J. MACE ANDRESS, *Health education in rural schools* (83), das auch bei uns Nachahmung verdiente, ferner das für die Hand des Kindes bestimmte, sehr weit verbreitete Buch von HALLOCK und WINSLOW „The land of health“ (191), das in echt amerikanischer Weise schildert, „wie Kinder Bürger des Gesundheitslands werden können, indem sie seine Gesetze lernen und befolgen“, und, als Beispiel für großzügige sozial-hygienische Belehrungsarbeit, der Bericht von E. P. FOX (96).

Besondere Aufmerksamkeit wird auch der sexuellen Erziehung, insbesondere der rechtzeitigen, gewidmet. In engem Zusammenhange mit der Gesundheitserziehung der Kinder steht die Arbeit des *Jugend-Rot-Kreuzes* [Junior Red Cross (296)]. Im übrigen ist die Zahl der Organisationen, die sich mit Gesundheitspflege beschäftigen, eine außerordentlich große. 1920 wurden mindestens 139 gezählt. Auf dem zur Verfügung stehenden Raum ist es daher unmöglich, auch nur ein annäherndes Bild von der geleisteten Aufklärungsarbeit zu geben. Die 14 größten Organisationen haben sich im Jahre 1920 in dem „*National Health Council*“ (309) zusammengeschlossen, der seinen Sitz in Washington und New York (370, Seventh Avenue New York City) hat und den angeschlossenen Verbänden durch eine Bureaugemeinschaft, gemeinsame Bücherei, Pressedienst usw. wirtschaftliche und organisatorische Vorteile bietet. Als Mitglieder sind besonders erwähnenswert: *Council on Health and Public Instruction of the American Medical Association*, das Rote Kreuz, *The american Social Hygiene Association* und *The Child Health Organization of America*, die eine besonders hochentwickelte Propagandatechnik aufweist und neben vorzüglichen Drucksachen u. a. auch das Marionettentheater zu Hilfe nimmt. — Der seit Jahrzehnten im Gange befindlichen rührigen Aufklärungstätigkeit der alkoholgegnerischen Organisationen ist schon wiederholt Erwähnung getan worden. Von ihrer Propagandatechnik erhält man einen Eindruck aus dem Verzeichnis der zahlreichen von ihnen verwendeten Plakate (237). Von Museen sei nur das American Museum of Safety, 29 West 39the Street New York City, angeführt.

Endlich sei das *National Committee for Mental Hygiene*, 50 Union Square, New York City, erwähnt. Die Geisteshygiene wird als besonderer Zweig der sozialen Hygiene gepflegt, und zwar werden darunter die Bestrebungen zusammengefaßt, die auf die Bekämpfung des Mißbrauchs von Betäubungsmitteln, auf die Reorganisation der Erziehung geistig Zurückgebliebener und des Kinderschutzes, auf die Reform des Strafgesetzbuches, auf die psycho-physiologische Selektion der Arbeiter und die wissenschaftliche Organisation der Arbeit gemäß den Beschlüssen der internationalen psychotechnischen Konferenzen hinzielen (327). In Verbindung mit den entsprechenden Organisationen in Frankreich und

Belgien haben im Jahre 1922 und 1924 internationale Kongresse für Geisteshygiene in Paris und New York stattgefunden.

Eine für die Vereinigten Staaten eigentümliche Erscheinung ist schließlich noch die aufklärende Tätigkeit der *Lebensversicherungsgesellschaften* (302, 308). Von der Erkenntnis ausgehend, daß durch Einführung eines Erziehungssystems auf den Gebieten der Krankenpflege und Hygiene eine Herabsetzung der Prämien möglich ist, haben einige große Lebensversicherungsgesellschaften, voran die *Metropolitan Life Insurance Company* (mit gegenwärtig 17 000 000 Versicherungsnehmern) schon vor $1^1/_2$ Jahrzehnten einen großzügigen Aufklärungs- und Auskunftsdienst eingerichtet. Da diese Gesellschaften ihre Kunden vorwiegend in den arbeitenden Klassen haben und die Aufgaben unserer Sozialversicherung mit versehen, ist diese Arbeit von besonderer Wichtigkeit. Eine von der genannten Gesellschaft herausgegebene volkstümliche Zeitschrift war im Jahre 1912 schon in $4^1/_2$ Millionen verbreitet, eine Broschüre gegen die Tuberkulose lag in zehn Sprachen vor. Die Versicherungsagenten sind besonders in Gesundheitslehre geschult. Durch die Erfolge ermutigt, ist man sogar an die Entsendung von Pflegerinnen herangegangen, die in Krankheitsfällen, in der Schwangerschaft usw. Erziehungsarbeit zu leisten haben. Bis Ende Mai 1910 waren auf diese Weise 622 000 Besuche ausgeführt worden. Als Erfolg wird ein *stärkerer Rückgang der Sterblichkeit* unter den Versicherungsnehmern als bei der Gesamtbevölkerung beobachtet. Die Großzügigkeit des Vorgehens verdiente auch bei unseren öffentlichen und privaten Versicherungsträgern Nachahmung.

Von den Vereinigten Staaten aus wird die hygienische Propaganda vor allem nach *Südamerika* getragen. So sind z. B. in *Buenos Aires* Plakatfeldzüge gegen Typhus, Tuberkulose und Syphilis veranstaltet worden. Ihre Wirkung soll freilich, wie berichtet wird, unter der großen Zahl von Analphabeten gelitten haben — und damit schlagen wir wieder die Brücke zu unseren früheren Betrachtungen über den Zusammenhang von *allgemeiner Volksbildung* und *hygienischer Erziehung:* ebenso wie eine wirkliche Bildung des Bildungswertes der Gesundheitspflege nicht entraten kann, ist auch hygienische Erziehung nicht möglich, ohne daß durch den sonstigen Unterricht — und ebenso natürlich durch befriedigende Gestaltung der äußeren Lebensverhältnisse und durch genügende Gesundheitsfürsorge — die Voraussetzungen dazu geschaffen werden. Nur indem wir uns dauernd dieser Beziehungen bewußt bleiben, können wir hoffen, unserem Ziel, hygienische Kultur zum Gemeingut aller zu machen, Schritt für Schritt näher zu kommen.

Literatur.

Vorbemerkung: Diese Zusammenstellung kann und will nicht vollständig sein. Insbesondere die ältere Literatur ist nur insoweit berücksichtigt, als sie grundlegend und heute noch von Wert ist, im übrigen sind besonders solche Arbeiten angeführt, die im Hinblick auf die hygienische Volks*bildung* Beachtung verdienen. — Der Zusatz „Lit." bedeutet, daß das betr. Werk reichlich Literaturangaben enthält.

Hygienische Volksbildung.

Allgemeines.

1. Abel, R.: Begriff, Bedeutung und Entwicklung der prakt. Hygiene. Handb. d. prakt. Hyg. Bd. I. Jena: G. Fischer 1913. — 2. Ascher: Wo kann und wo muß gespart werden? Dtsch. med. Wochenschr. 1924, Nr. 2. — 3. Bornstein, K.: Der Arzt als aktiver Politiker der Volkswohlfahrt. Zeitschr. f. ärztl. Fortbild. 1919, Nr. 3. — 4. Bornstein, K.: Ein Weg zur hyg. Volksbelehrung. Dtsch. med. Wochenschr. 1919, Nr. 28. — 5. Bornstein, K.: Arzt und Hygiene. Ärztl. Vereinsbl. 1920, Nr. 1216. — 6. Bornstein, K.: Zur Frage aussichtsreicher hyg. Volksbelehrung. Desinfektion 1922, S. 6—8. — Bornstein, K.: siehe auch Blätter f. Volksgesundheitspfl. (254). — 7. Buchner, Hans: Biologie und Gesundheitslehre. Verhandl. d. Ges. dtsch. Naturforsch. u. Ärzte, 68. Vers. 1896, I, S. 39. — 8. Burgerstein, Leo: Mittel zur Verbreitung hyg. Kenntnisse in der Bevölkerung. Zeitschr. f.

Schulgesundheitspfl. 1897. — 9. CHRISTIANI, A.: Die Beziehungen der Physiologie zur Hygiene. Ber. üb. d. allg. dtsch. Hyg.-Ausst. 1883, I, S. 1—16. — 10. DIETRICH, E.: Gesundheitl. Not und gesundheitl. Volksbelehrung. Zeitschr. f. Säugl.- u. Kleinkinderschutz 1923, H. 6. — 11. DÖRING, M.: Ein neuer Versuch zur Förderung gesundheitl. Denkens im Volke. Neue Bahnen 1921, S. 252. — 12. DOHRN, K.: Volkstüml. Vorträge über Gesundheitspflege. Concordia 1910, Nr. 7. — 13. DOHRN, K.: Aus der Praxis der hyg. Volksbelehrung. Blätter f. Volksgesundheitspfl. 1922, H. 2. — 14. DOLL, H.: Dem Hausarzt zum Gedächtnis. Sozialhyg. Mitt. 1923, Nr. 1/2. — 15. DÜRING, E. VON: Hygiene und Ethik. Dresden: v. Zahn & Jaensch 1908. — 16. EFFLER: Der Arzt als Gesundheitslehrer. Klin. Wochenschr. 1922, Nr. 7. — 17. v. ENGELHARDT, R.: Organische Kultur. München: J. F. Lehmanns Verlag. 1925. — 18. FISCHER, ALF.: Gesundheitsrecht und Gesundheitspflicht. Sozialhyg. Mitt. 1925, S. 44. — 19. FISCHER-DEFOY, W.: Die hyg. Aufklärung und ihre Mittel. Veröff. a. d. Geb. d. Medizinalverwalt. Bd. 9, H. 9. 1919. — 20. FRICKE: Hyg. Volksbelehrung, Rassenhyg. und Kreisarzt. Zeitschr. f. Medizinalbeamte u. Krankenhausärzte 1924, Nr. 6. — 21. GALLI-VALERIO, B.: L'organisation de l'hygiène à la montagne. Schweiz. Zeitschr. f. Gesundheitspfl. 1923, H. 1. — 22. GORN, W.: Vorschläge zur gesundheitl. Volksbelehrung. Sozialhyg. Mitt. 1922, H. 4. — 23. GOTTSTEIN, A.: Die Entwicklung der Hygiene im letzten Vierteljahrhundert. Zeitschr. f. Sozialwiss. Bd. 12, H. 2. 1909. — 24. GOTTSTEIN, A.: Geschichte der Hygiene im 19. Jahrhundert. Berlin: F. Schneider & Co. 1901. — 25. GOTTSTEIN, A.: Die neue Gesundheitspflege. Berlin: Karl Sigismund 1920. — 26. GOTTSTEIN, A.: Das Heilwesen der Gegenwart. Gesundheitslehre und Gesundheitspolitik. Berlin: Deutsche Buch-Gemeinschaft 1924. — 27. GOTTSTEIN, A.: Zukunftsaufgaben der öffentl. Gesundheitspflege. Klin. Wochenschr. 1922, Nr. 52. — 28. GRASSL: Prakt. Bauernhygiene. Zeitschr. f. soz. Hyg. Bd. 1, H. 2. — 29. GROTJAHN, A.: Was ist und wozu treiben wir soziale Hygiene? Hyg. Rundschau Jg. 1904, 14. Beil., Nr. 20. — 30. HAGEN, W.: Hyg. Volksbelehrung. Entwurf eines Lehrplans und einer Organisation. Inaug.-Dissert. Freiburg 1920 (Manuskript). *Lit.* — 31. HIRSCH, CL.: Wanderlehrkurse über Säuglings- und Kleinkinderpflege. Zeitschr. f. Kinderschutz, Familien- u. Berufsfürs. 1923, S. 108—111. — 32. HODANN, MAX: Aus der Praxis der gesundheitl. Volksbelehrung. Zeitschr. f. Schulgesundheitspfl. 1925, Nr. 4. — 33. ICKERT, FR.: Hyg. Volksbelehrung. Zeitschr. f. soz. Hyg. usw. 1920, Nr. 9. — 34. ICKERT, FR.: Wege zur Volkshygiene. Dtsch. med. Wochenschr. 1919, Nr. 38. — 35. JACOBS: Die Tuberkulose und die hyg. Mißstände auf dem Land. Berlin 1911. — 36. Jahrbuch für Wohlfahrtsarbeit auf dem Land (H. 3: Die Alkoholfrage im Rahmen der ländl. Wohlfahrtspflege. 1919). Berlin: Deutsche Landbuchhandlung. — 37. JUCKER, E.: Aus der Aufklärungsarbeit für Jugendhilfe, insbes. für Säuglingspflege und Mutterschutz im Kanton Zürich. Schweiz. Zeitschr. f. öff. Gesundheitspfl. 1923, H. 2. — 38. KLATT, G.: Hygiene und Ethik. Zeitschr. f. Schulgesundheitspfl. u. soz. Hyg. Bd. 30, H. 8/9. 1917. — 39. KRIECHBAUM, ED.: Der Arzt als Volksbildner. Wien: Österr. Schulbücherverlag 1923. — 40. KRIECHBAUM, ED.: Diskussionsbem. a. d. 4. österr. Tagung für Bevölkerungspolitik 1922. Mitt. d. Amerik. Roten Kreuzes Jg. 1, Nr. 11. — 41. KRIECHBAUM, ED.: Hyg. Volksbildung auf dem Lande. Mutter u. Kind Jg. 1, H. 7/8. 1923. — 42. LINGNER, K. A.: Der Mensch als Organisationsvorbild. Bern: Akad. Buchhdlg. v. M. Drechsel 1914. — 43. LORENTZ, FR.: Lehrer als Verkünder der Volksgesundheit. Blätter f. Volksgesundheitspfl. 1921, Sonder-Nr. 2/3. — 44. MAMLOCK, G.: Hygiene-Propaganda. Zeitschr. f. ärztl. Fortbild. 1920, Nr. 8. — 45. MAMLOCK, G.: Hyg. Volksbelehrung. Ebenda 1921, Nr. 14. — 46. MOLKOF, A.: Die hyg. Volksbelehrung, ihre Aufgaben und Methoden. (Russisch.) — 47. NEUFELD, F.: Einige Bemerkungen zur Frage der hyg. Volksbelehrung. Dtsch. med. Wochenschr. 1922, Nr. 37, S. 1252. — 48. NEUSTÄTTER, O.: Erweiterung des ärztl. Berufes. Korrespondenzbl. d. ärztl. Kreis- u. Bezirksvereine in Sachsen, Juli 1920. — 49. NEUSTÄTTER, O.: Kreisarzt und hyg. Volksbelehrung. Zeitschr. f. Medizinalbeamte u. Krankenhausärzte 1922, S. 223. — 50. PAGEL, J.: Zur Geschichte volkshyg. Bestrebungen. Sonderdr. aus „Hyg. Hausfreund". — 51. REICH, ED.: Die Hygiene, deren Studium und Ausübung. Würzburg: A. Stubers Buchh. 1874. — 52. REICH, ED.: Volksgesundheitspflege. 2. Aufl. Coburg: Fr. Streit 1866. — 53. REIN, O.: Psychiatrische Aufklärungsarbeit. Psychiatr.-neurol. Wochenschr. Jg. 24, Nr. 3/4. 1923. — 54. ROHRBACH, A.: Propaganda im Dienste der Volksgesundheitspflege, eine prinzipielle Untersuchung. Inaug.-Dissert. Heidelberg 1924 (Manuskript). — 55. RUBNER, M.: Über die Aufgaben des hyg. Unterrichts behufs Ausbildung der Ärzte. Klin. Jahrb. 1890, Bd. 2. — 56. RUBNER, M.: Rede, geh. zur Eröffnung des neuen Hyg.-Instituts zu Berlin. Berlin. klin. Wochenschr. 1905, Nr. 19/20. — 57. RUBNER, M.: Über Volksgesundheitspflege und medizinlose Heilkunde. Festrede zum 2. XII. 98. Berlin. — 58. RUBNER, M.: Zur Vorgeschichte der modernen Hygiene. Berlin 1905. — 59. SCHACHT, LUISE: Mütterabende. Zeitschr. f. Säugl.- u. Kleinkinderschutz 1923, H. 8. — 60. SCHMITT, ERICH: Die erzieherischen Aufgaben des Fürsorgearztes. Sozialhyg. Mitt. 1923, Nr. 1/2. — 61. SCHMITZ, K. E. F.: Die Bedeutung Johann Peter Franks für die Entwicklung der sozialen Hygiene. Veröff. a. d. Geb. d. Medizinalverwalt. Bd. 6, H. 7. — 62. SEIFFERT, G.: Ist die Mitarbeit des Geistlichen bei der hyg. Erziehung des Volkes nötig und möglich? Eichstätt: Ph. Brönner 1925. — 63. SEIFFERT: Die Technik der hyg. Volksbelehrung. Dtsch. Zeitschr. f. öff. Gesundheitspfl. 1922, H. 11. — 64. SEIFFERT, G.: Wie ist die hyg. Volksbelehrung wirksamer zu gestalten? Festschr. Griesbach. Gießen: Alfr. Töpelmann. — 65. SPRINGER: Ein Beitrag zur Frage der Verbreitung hyg. Kenntnisse im Volk. Dtsch. med. Wochenschr. 1919, Nr. 40. — 66. STEPHANI: Sittlichkeit und sexuelle Hygiene. Zeitschr. f. Schulgesundheitspfl. 1923, Nr. 6. — 67. STRASCHUN: Die Bühne in der hyg. Volksbelehrung. Nachr. d. Volkskommissariats f. Gesundheitspfl. 1922, H. 5/6 (Russisch). — 68. STRASCHUN: Die Tagesfragen der hyg. Volksbelehrung. Ebenda 1922, Nr. 3/4 (Russisch). — 69. TIETZE, FELIX: Einige Bemerkungen über die Säuglingsfürsorge in Großbritannien, Frankreich und dem Deutschen Reich. Wien. med. Wochenschr. 1925, April. — 70. TISSOT, S. A. D.: Anleitung für das Landvolk in Absicht auf seine Gesundheit (Haus-Arzney-Buch). Übers. v. Hirzel. Augsburg u. Innsbruck: Jos. Wolff 1769. — 71. TISSOT, S. A. D.: Anleitung für den gemeinen Mann in Absicht auf seine Gesundheit. 3. Aufl. Mannheim: C. F. Schwan 1772 (Lit.). — 72. TISSOT, S. A. D.: Von der Gesundheit der Gelehrten. Übers. v. J. R. Fueßlin. Zürich 1768. — 73. TUGENDREICH, G.: Zur Frage der hyg. Volksbelehrung. Dtsch. med. Wochenschr. 1923, S. 193. — 74. VOGEL, M.: Mittel und Wege der hyg. Volksbelehrung. Dtsch. Guttempler 1920, Nr. 1/2. — 75. VOGEL, M.: Die Stellung der Alkoholfrage in der soz. Hygiene. Zeitschr. f. soz. Hyg. usw. 1923, H. 7. — 76. WEINBERG, MARG.: Die hyg. Volksbelehrung als Vorbedingung für die öffentl. Gesundheitspflege. Soz. Kultur (München-Gladbach) Jg. 35, S. 65. 1915. — 77. WEISBACH, W.: Wie kann und soll der Desinfektor bei der hyg. Volksbelehrung mitarbeiten? Zeitschr. f. Desinfekt. u. Gesundheitswesen 1925, H. 6/7. — 78. WEISBACH, W.: Hygiene, Turnen und Sport. Hochschulbl. f. Leibesübungen 1925, Nr. 9. — 79. WELDE, E.: Leipziger Mutterkurse. Leipzig: Theodor Weicher 1918. — 80. WELDE, E.: Mutterkurse. Krippenzeitung 1919, H. 5. — 81. WELDE, E.: Volksbelehrung in Säuglingsfürsorge. Dtsch. med. Wochenschr. 1921, S. 1563. — 82. ZELTNER, E.: Erfahrungen und Ergebnisse der Nürnberger Säuglings- und Kleinkinderfürsorge. Zeitschr. f. Säugl.- u. Kleinkinderschutz 1923, H. 3.

Unterricht.

Nur die in methodischer und organisatorischer Hinsicht wichtigen Arbeiten sind hier angeführt. Lehrbücher u. dgl. im nächsten Abschnitt.

83. ANDRESS, J. MACE: Health education in rural schools. Houghton Misslin Comp., New York. The Riverside Press, Cambridge. — 84. Aufsätze aus dem Gebiet der Gesundheitslehre für Volksschullesebücher. Niederrhein. Korrespondenzbl. f. öff. Gesundheitspflege. Köln: Dumont-Schauberg 1890. — 85. BEAUGRAND, E.: De la nécessité d'introduire l'étude de l'hygiène dans l'enseignement. Ann. d'hyg. publ. (2) Bd. 28. 1867. — 86. BRAEUNING, H.: Das zweite Jahr Tuberkuloseunterricht in den Schulen Stettins. Tuberkul.-Fürs.-Blatt 1922, S. 99. — 87. BRAEUNING, H., u. FRIEDR. LORENTZ: Die Tuberkulose und ihre Bekämpfung durch die Schule. Berlin: Julius Springer 1923. (Neue Aufl. v. Nietner u. Lorentz: Das Wesen der Tuberkulose usw.) — 88. BRUNN v.: Aufklärungsarbeit in der Schule. Zeitschr. f. Gesundheitsfürs. u. Schulgesundheitspfl. Bd. 36, Nr. 8/9. 1923. — 89. BURGERSTEIN, LEO: Gesundheitsregeln für Schüler und Schülerinnen. 13. Aufl. Wien 1910. — 90. BURGERSTEIN, LEO: Der Hygieneunterricht. Weyls Handb. d. Hyg. 2. Aufl. Bd. 6, S. 386. 1912. Lit. — 91. *Chemnitzer* Rechenbuch. H. 7. 13. Aufl. Chemnitz: J. C. F. Pickenhahn & Sohn. — 92. *Department of the Interior, Bureau of education* (*Washington*) Health Education Nr. 4: Teaching health; Nr. 8: Health training for teachers; Nr. 10: Suggestions for a program for health teaching in the elementary schools. (Zu bez. durch Superintendent of Documents, Government Printing office Washington D. C.) — 93. ERDBERG, R. v.: Freies Volksbildungswesen. Berlin W 8: Carl Heymann 1919. — 94. FAUST, BERNH. CHRIST.: Gesundheitskatechismus zum Gebrauche in den Schulen und beym häusl. Unterricht. Bückeburg: Joh. Fried. Althaus 1794. (Faksimile-Ausgabe mit einem Nachwort des Herausgebers M. Vogel. Dresden: Dtsch. Verl. f. Volkswohlfahrt 1925.) S. auch K. ROLLER (144). — 95. FISCHER, KARL: Volksgesundheitspflege in der Schule. Dtsch. Zeit- u. Streitfragen, Nr. 6. Berlin: Habel 1877. — 96. FOX, EDNA P.: A state social hygiene educational program. Journ. of soc. hyg. Bd. 10, S. 26—33. 1924. — 97. FRENZEL, ALFR.: Zur Menschenkunde — Gesundheitslehre. Sächs. Schulzeitung 1922. — 98. FRITZ, G.: Das moderne Volksbildungswesen. Aus Natur u. Geisteswelt Nr. 266. B. G. Teubner. — 99. GEISSLER, W. u. K.: Stumme Feinde der hyg. Belehrung. Blätter f. Volksgesundheitspfl. 1908. — 100. GEISSLER, W.: Anleitung zur hyg. Erziehung. Zeitschr. f. Schulgesundheitspfl. u. soz. Hyg. 1908, S. 444. — 101. Die Gestaltung des Hygiene-Unterrichts in den Schulen. Herausg. v. Preuß. Landesausschuß f. hyg. Volksbel., Abt. Schulhygiene. — 102. Gesundheitsregeln für die Schuljugend, zusammengestellt v. d. Hyg.-Sekt. d. Berliner Lehrervereins. Berlin: W. Ißleib. — 103. GOHDE, G.: Gesundheitslehre im Schulunterricht. Zeitschr. f. Schulgesundheitspfl. u. soz. Hyg. 1922, S. 360. — 104. GORN, W.: Arzt und hyg. Volksbelehrung. Dtsch. med. Wochenschr. 1923, Nr. 41. —

105. v. Gruber, M.: Der Unterricht über körperliche Erziehung an den Hochschulen. Münch. med. Wochenschr. 1920, Nr. 17, S. 473. — 106. Hartmann, K. A. M.: Die Staatsprüfung für das höhere Schulamt und die Hygiene. Denkschrift an die wiss. Prüfungskommission a. d. Univ. Leipzig. (Nur im Manuskript.) — 107. Hartmann, K. A. M.: Die Hygiene und die höhere Schule. Gesunde Jugend 1906, H. 1/2. — 108. Hartmann, K. A. M.: Die höhere Schule und die Gesundheitspflege. Neue Jahrb. Jg. 1904, II. Abt. 14, H. 6. — Hertel: s. Selter (153). — 109. Heyer, G. R.: Volkshochschule und Medizin. Arbeitsgemeinschaft Jg. 1, S. 223—230. Leipzig: Quelle & Meyer. — 110. Ickert: Tuberkulose-Unterricht in den Schulen eines Landkreises. Tuberkul.-Fürs.-Blatt 1923, S. 3. — 111. Kemsies: Die sex.-hyg. Belehrung in der Schule. S. Lorentz u. Kemsies (127). — 112. Kemsies: Die Zähne und ihre Pflege. Ein Unterrichtsbeispiel. S. Lorentz u. Kemsies (127). — 113. Kienitz-Gerloff: Physiologie und Anatomie des Menschen mit Ausblicken auf den ganzen Kreis der Wirbeltiere. Leipzig: B. G. Teubner 1907. — 114. Klatt, G.: Die Bedeutung des mathematischen und naturwissensch. Unterrichts f. d. Erziehung uns. Jugend (zus. mit W. Schmiedeberg u. G. Wetzstein). III. Teil: Der chemische und biologische Unterricht. (*Lit.*) — 115. Kloss, E.: Zur Methodik des Hyg.-Unterrichts in den Fortbildungsschulen. Zeitschr. f. Schulgesundheitspfl. 1914, Nr. 9. — 116. Kloss, E.: Die Beobachtung im menschenkundl. Unterricht. Ebenda Bd. 30, S. 145—195. 1917. — 117. Langstein, L.: Wie ist die Bevölkerung über Säuglingspflege und Säuglingsernährung zu belehren? Berlin: Julius Springer 1911. — 118. Leubuscher, G.: Über die Notwendigkeit der Ausbildung der Lehrer in Gesundheitspflege. Leipzig: B. G. Teubner 1911. (Schrift. d. dtsch. Ausschusses f. d. math. u. naturwiss. Unterr. H. 7.) — 119. Levi, E.: Le tendenze artistiche infantili messe a servizio dell' igiene. Difesa soc. Jg. 3, Nr. 2. 1924. — 120. Liefmann, E.: Zur Frage der hyg. Volksbelehrung. Dtsch. med. Wochenschr. 1923, H. 24. — 121. Liefmann, E.: Arzt und Schule. Blätter f. Volksgesundheitspfl. 1924, H. 8/9. — 122. Liefmann, E.: Der Gesundheitslehre-Unterricht in unseren Schulen. Sozialhyg. Mitt. 1925, S. 40. — 123. Lorentz, Friedr.: Gesundheit und Schule (Aufgaben und Wege der prakt. Schulgesundheitspflege). Leipzig: F. C. W. Vogel 1924. — 124. Lorentz, Friedr.: Die Gewerbehygiene als Unterrichtsgegenstand in Fach- und Fortbildungsschulen. S. Lorentz u. Kemsies (127). — 125. Lorentz, Friedr.: Die Hygiene im Lehrplan der Schulen und der Lehrerbildungsanstalten. Arch. f. Päd., 1. Teil: Die päd. Praxis 1914, Nr. 10. — 126. Lorentz, Friedr.: Die Methodik der hyg. Jugendunterweisung. Zeitschr. f. Schulgesundheitspfl. u. soz. Hyg. 1913, S. 201. — Lorentz, Fr., u. H. Braeuning s. Nr. 87. — 127. Lorentz u. Kemsies: Hyg. Unterweisung und Jugendfürsorge an den Schulen. (Eine Sammlung von Abhandlungen, herausg. im Auftrage des Vereins f. „Schulgesundsheitpfl. d. Berlin. Lehrervereins" s. Kemsies (111, 112, 280), Lorentz (124), Stroede (155)] Osterwieck-Harz: A. W. Zickfeldt 1913. *Lit.* — 128. *Ministero della publ. istruzione* (Rom): Orari, programmi et prescrizioni didattiche per le scuole elementari in applicazione del R. D. 1. X. 1923, Nr. 2185. — 129. Molkof, A.: Hyg. Volksbelehrung in der Schule und durch die Schule. Moskau: Reichsverlag 1923. (Russisch.) — 130. Netolitzky, Aug.: Der hyg. Unterricht in der Schule. Weyls Handb. d. Hyg., 2. Aufl. 1912, Bd. 6, S. 523. — 131. Niemann, G.: Über Schul- und Schülerversuche zum menschenkundl. Unterricht. Osterwieck a. Harz: A. W. Zickfeldt 1917. — Nietner u. Lorentz: s. Braeuning u. Lorentz (87). — 132. Orthner, Franz: Katechismus der Gesundheitslehre für die deutsche Jugend. 27 S. Wien: Österr. Schulbücherverl. 1924. — 133. Orthner, Franz: Leitfaden für den Unterricht in der Gesundheitslehre an der Hand des Katechismus der Gesundheitslehre. 71 S. u. 7 Tafeln. Ebenda 1924. — 134. Peiper, E., u. M. Gercke: Säuglingspflege als Unterrichtsgegenstand in den Mädchenschulen. Zeitschr. f. Säuglingsschutz Jg. 7, H. 10. 1915. (*Lit.*) — 135. Pirquet, Kl.: Die Ausbildung von Volks- und Bürgerschullehrerinnen für Säuglingspflege und Ernährungskunde. Zeitschr. f. Kinderschutz, Familien- u. Berufsfürs. 1924, Nr. 6. — 136. Reich, Ed.: Über die Notwendigkeit der Einführung der Gesundheitspflege als Lehrgegenstand in allen Schulen. Ein Wort zur Zeit. Neue Gewerbebl. f. Kurhessen Bd. 5, Nr. 52/53. 1866. — 137. Reichel, H.: Die Alkoholfrage in der Schule. Wien. klin. Wochenschr. 1923, Nr. 4. — 138. Reichel, H.: Das Fürsorgewesen im Unterricht. Mitt. d. Amerik. Roten Kreuzes, Wien, Jg. 1, Nr. 11. — 139. Rein, W.: Die deutsche Volkshochschule. Langensalza: Herm. Beyer & Söhne. — 140. Report of the Internat. Health Education Conference of the World Conference on Education. San Francisco, California, 28. VI.—6. VII. 1923. New York: Child Health Organization. — 141. Report of Conference on Health Education and the Preparation of Teachers. Lake Mohonk, New York, 26. VI.—1. VII. 1922. Ebenda. — 142. Report of the Cambridge Health Education Conference. 23.—28. VI. 1924. Ebenda. — 143. Roller, Karl: Die Beratungen in der schulhyg. Kommission auf der Reichsschulkonferenz. Zeitschr. f. Schulgesundheitspfl. u. soz. Hyg. 1920, Nr. 11/12. — Roller, Karl, s. Selter (153). — 144. Roller, K.: Der Gesundheitskatechismus Dr. Bernh. Christ. Fausts. Leipzig: B. G. Teubner 1909 (s. auch 94). — 145. Rosenhaupt, H.: Säuglingspflege als Lehrgegenstand in den Unterrichtsanstalten für die weibl. Jugend. Zeitschr. f. Säuglings-

schutz 1915, H. 8—11. (Erschöpf. *Lit.*) — 146. ROTHE, K. CORN.: Vorlesungen über allg. Methodik des Naturgeschichtsunterrichtes. H. 2, S. 255, Hygiene im Naturgeschichtsunterricht. München: Fr. Seybolds Verlagsbuchhdlg. — 147. RUMPE: Der Gesundheitsunterricht in den Frauen-Fortbildungsanstalten. Veröff. a. d. Geb. d. Medizinalverwalt. Bd. 1, H. 11. 1912, 148. SCHMIDT, ADELE: Die Rassenhygiene im Biologieunterricht der höheren Schulen. Arch. f. Rassen- u. Gesellschaftsbiol. Bd. 15, H. 3, S. 311. 1924. — 149. SCHULTZE, ERNST: Volkshochschulen und Universitäts-Ausdehnungsbewegung. Leipzig: Gg. Freund 1897. — 150. SCHULZE, BERTH.: Hyg. Belehrung an höheren Schulen. W. REIN, Enzyklopäd. Handb. d. Pädagogik Bd. 4. (*Lit.*) — 151. SEIFFERT, G.: Die praktische Gesundheitsunterweisung in der Schule. Bayer. Lehrerzeitung 1924, H. 46. — 152. SELTER, H.: Hyg. Erziehung in der Schule und Vorbildung der Lehramtskandidaten in Hygiene. Dtsch. med. Wochenschr. 1921, Nr. 2. — 153. SELTER, H. HERTEL u. ROLLER: Hyg. Erziehung in der Schule. Zeitschr. f. Schulgesundheitspfl. u. soz. Hyg. Jg. 33. Verhandlungsheft. 1920. — 154. SEYFERT, RICH.: Gesammelte Aufsätze. Leipzig: Ernst Wunderlich 1912. — 155. STROEDE, GERH.: Hyg. Jugendunterweisung, s. LORENTZ u. KEMSIES (127). — 156. TEUSCHER: Der Stand der hyg. Schularbeit in Sachsen und die hyg. Durchbildung der Lehrer. Zeitschr. f. Schulgesundheitspfl. u. soz. Hyg. Jg. 38, Nr. 1/3. 1925. — 157. UHLENHUTH u. W. SEIFFERT: Ist die hyg. Ausbildung der Lehrer notwendig und durchführbar? Med. Klinik 1924, Nr. 39. — 158. ULBRICHT, W.: Die Alkoholfrage in der Schule. Berlin-Dahlem: Verl. „Auf der Wacht". — 159. Der wissenschaftl. Nüchternheits-Unterricht. Herausg. von der Scientific Temperance Federation 1923 (Zentrale für Nüchternheitsunterricht Bielefeld, Roonstr. 5). — 160. VOGEL, M.: Hyg. Schulunterricht in vergangener Zeit. Blätter f. Volksgesundheitspfl. 1924, Nr. 8/9 u. 1925, H. 2. — VOGEL, M.: Neuausgabe v. Bernh. Chr. Faust, s. Nr. 94. — 161. WACHTER: Ein Jahr Sport-, Hygiene- und Tuberkulose-Unterricht bei Kindern. Tuberkulose Bd. 4, Nr. 4. 1924. — 162. WEITSCH, ED.: Zur Sozialisierung des Geistes. Jena: Eugen Diederichs 1919. — 163. WIESE, LEOPOLD v.: Soziologie des Volksbildungswesens. München u. Leipzig: Duncker & Humblot 1921. Mit Beiträgen von HONIGSHEIM, Max SCHELER u. a.

Wort, Schrift und Bild.

164. A-B-C der Mutter. Herausg. v. Städt. Jugendamt Cassel. 91.—117. Tausend. Leipzig: Curt Kabitzsch 1924. — 165. Lustiges A-B-C. Wien, Seideng. 17: Verlagsbuchh. d. Arb.-Abst.-Bundes. — 166. ABDERHALDEN, EMIL: Das Recht auf Gesundheit und die Pflicht, sie zu erhalten. Leipzig: S. Hirzel 1921. — 167. ADAM, C., u. FR. LORENTZ: Gesundheitslehre in der Schule. Leitfaden für Lehrer und Lehrerinnen zur hyg. Unterweisung in der Schule. Leipzig: F. C. W. Vogel 1923. — 168. BAUR, FISCHER, LENZ: Grundriß der menschlichen Erblichkeitslehre und Rassenhygiene. 2. Aufl. München: J. F. Lehmanns Verlag 1923. — 169. BEHREND, El.: Säuglingspflege in Reim und Bild. Verl. B. G. Teubner. — 170. BEHREND, El.: Unterrichtstafeln für Säuglingspflege. Artern i. Th.: Bergwart-Verlag. — 171. BERG, R., u. M. VOGEL: Grundlagen einer richtigen Ernährung. Dresden: Dtsch. Verl. f. Volkswohlfahrt 1925. — 172. BESCHORNER, H.: Merk- und Nachschlagebüchlein für diejenigen, welche sich an der Tuberkulosebekämpfung beteiligen wollen. Berlin: Dtsch. Zentralkomitee z. Bek. d. Tuberk. 1913. — 173. BESCHORNER, H.: Disposition zu Tuberkulosevorträgen. Dresden: Selbstverlag. — 174. BIESALSKI, K.: Leitfaden der Krüppelfürsorge. 2. Aufl. Leipzig: Leopold Voss 1922. — 175. BOCK, C. E.: Das Buch vom gesunden und kranken Menschen. 18. Aufl. Herausg. v. Dr. W. Camerer. Stuttgart: Union Deutsche Verlagsanstalt 1921. — 176. BRUHN, CHR.: Vom gesunden und kranken Menschen. Hamburg: Verl. Parus (bzw. Dtsch. Zentralkomitee z. Bek. d. Tuberk.). — 177. CURSCHMANN, F.: Wirksame Unfallverhütungsbilder. Zeitschr. f. Gewerbehyg. u. Unfallverh. N. F. Bd. 2, H. 1. 1925. — 178. DEKKER, HERM.: Der Mensch, biologisch dargestellt. 2. Aufl. Stuttgart: Verlag Ernst Heinrich Moritz. — DOHRN s. Ver. z. Bek. d. Schwindsucht (243). — 179. ENGE, J.: Ratgeber für Angehörige von Geisteskranken. 2. Aufl. Halle: Carl Marhold 1924. (Im selben Verlag ist eine große Zahl volkstüml. Schriften über psychiatr. Fragen erschienen.) — FAUST, B. CHR. s. Nr. 94. — 180. FETSCHER, R.: Grundzüge der Erblichkeitslehre. Dresden: Dtsch. Verl. f. Volkswohlfahrt 1924. — 181. FETSCHER, R.: Grundzüge der Rassenhygiene. Ebenda 1924. — FETSCHER, R.: s. auch „Die Familie" (260). — 182. FISCHER-DEFOY, W.: Rundfunk und hyg. Belehrung. Münch. med. Wochenschr. 1924, Nr. 34, S. 1172. — 183. FRANK, PAUL: Rundfunkvorträge aus dem Gebiete des Gesundheitswesens. Dtsch. med. Wochenschr. 1924, Nr. 27. — 184. FULDA, LEOPOLD: Warum erst krank werden? Das Doktorbuch der Hausfrau in gesunden und kranken Tagen. H. 12 von „Beyers Hausfrauen-Bücherei". Leipzig: Otto Beyer. — 185. Gesundheitsbüchlein. Bearb. im Reichsgesundheitsamt. Berlin: Julius Springer. — 186. GOLIAS, EDUARD: Kasperl beim Zahnarzt. Jugendrotkreuz-Zeitschr., Wien, Mai 1925. — 187. GRASSL, I., u. FR. REINDL: Lehrbuch der Gesundheitspflege. 1. Bau, Tätigkeit und Pflege des menschl. Körpers; Allg. Gesundheitspflege (262 Abb.) 2. Schulgesundheitspflege. Nürnberg: Friedr. Korn 1918. — 188. GRODDECK, G.: Der gesunde und kranke Mensch,

gemeinverständl. dargestellt. Leipzig: S. Hirzel 1913. — 189. GROTJAHN, A.: Die hygienische Forderung. Königstein i. T. u. Leipzig: Karl Robert Langewiesche. — 190. GÜNTHER, HANNS: Wunder in uns. Zürich: Rascher & Cie. Verlag 1921. — 191. HALLOCK u. WINSLOW: The land of health. 208 S. New York u. Chicago: Charles E. Merrill Comp. — 192. HAMM: Wie kräftige ich meine Gesundheit und wie schütze ich mich vor Krankheiten? Ein Führer durch die mediz. Lit. der öffentl. Bücherei und Lesehalle, Braunschweig. — 193. HARING, J.: Leitfaden der Krankenpflege in Frage und Antwort. 4. Aufl. Berlin: Julius Springer 1923. — 194. HECKER u. WOERNER: Das Kind und seine Pflege. Ein Hilfsbuch der Säuglingspflege für Mütter. München: Wegaverlag. — 195. HUFELAND, CHR. WILH.: Die Kunst, das menschliche Leben zu verlängern. (1. Aufl. Wien 1798.) Volksausgabe b. Reclam. — 196. KAHN, FRITZ: Das Leben des Menschen. Stuttgart: Kosmos (Franckh'sche Verlagsbuchhdlg.). — 197. Das Kind im 1. Lebensjahre. Herausg. v. Landesverband f. Säuglings- u. Kleinkinderfürsorge in Bayern E. V. — 198. *Den lieben Kindern.* Herausg. v. d. Liga d. Gesellsch. v. Roten Kreuz u. d. Tschechoslovak. Roten Kreuz, Prag (nach der Flugschrift der Rockefeller-Stiftung, Paris). (Für Frankreich: Aux enfants de France. Für Österreich: An die österreichischen Kinder.) — 199. KRASEMANN, E.: Säuglings- und Kleinkinderpflege in Frage und Antwort. 3. u. 4. Aufl. Leipzig: G. Thieme 1922. — 200. KOSSMANN u. WEISS: Die Gesundheit. Union Deutsche Verlagsgesellschaft. — 201. LANGSTEIN u. ROTT: Atlas der Hygiene des Säuglings und des Kleinkindes. 2. Aufl. Berlin: Julius Springer 1922. — 202. Am Lebensquell. Ein Handb. f. geschlechtl. Erziehung. Gegr. v. Dürerbund. Dresden: Dr. A. Koehler 1915. — 203. LENZ, F.: Das Gesundheitszeugnis vor der Verlobung als Familiensitte. Die Familie 1924, Nr. 8. — LENZ, F. s. BAUR-FISCHER-LENZ (168). — Liga der Rot. Kreuz-Vereine s. Nr. 198, 244, 317. — 204. LOEWE: Erste Hilfe. Dresden: C. C. Meinhold & Söhne 1922. *Lit.* — 205. MAMLOCK, G.: Arzt und Patient. Herausg. unter amtl. Mitwirkung d. Reichsausschusses f. hyg. Volksbelehrung. Berlin: Verl. Max Marcus-Willenberg G. m. b. H. — 206. MEISSNER, P.: Gesundheits-Brevier. Berlin: Karl Curtius 1910. — 207. MENG u. FIESSLER: Das ärztl. Volksbuch. Stuttgart: Wagnersche Verlagsanst. (Anton Bippi). — 208. Merkregeln für das Verhalten im Gleise. Dresden: B. G. Teubner. — 209. MICHAELIS, E.: Über den Wert von Merkblättern in der Säuglingsfürsorge. Ergebn. d. Säuglingsfürs. 1910, H. 5. — 210. MICHELS: Unfällverhütungspropaganda durch das Bild. Reichsarbeitsblatt 1925, 5, Nr. 3. — 211. MUCKERMANN, P.: Kind und Volk. 2 Bde. Freiburg i. B.: Herder 1922. — 212. MÜLLER, ADOLF: Junge Schweizer. Winke für die Gesundheitspflege in Erzählungen f. Klein u. Groß. Zürich: Verlag d. Zentralsekretariats Pro Juventute. — 213. NEUMANN, PHIL.: Handbuch der Volksgesundheitspflege. 155 S. München: Otto Gmelin 1911. — 214. NEUSTÄTTER, O.: Gesundheitskalender (1. Jg. 1925). Herausg. v. d. Gesundheitswacht, München. — 215. NIEMEYER, P.: Ärztliche Sprechstunden (20 Bde.). Jena: Herm. Costenoble. — 216. NOHL, JOH.: Der schwarze Tod. Eine Chronik der Pest 1348—1720. — 217. PIORKOWSKI, C.: Plakatwirkungen. Umschau 1922, S. 323. — 218. PLISCHKE, G.: Komm, tritt in den Ring der Kämpfer ein! Berlin-Dahlem: Verl. „Auf der Wacht". — 219. PLISCHKE, G.: Rausch und Rauch! (Bilder und Reime zur Bekämpfung der Gifte.) Hamburg 30: Neuland-Verlag. — 220. POPERT, HERM.: Helmut Harringa. 37. Aufl. Dresden: Dr. A. Köhler 1918. — 221. REICHEL, H.: Katechismus der Gesundheit. 2. verb. Aufl. Wien u. Leipzig: Moritz Perles 1923. — 222. RICHTER, H.: Gesunde und kranke Zähne. Dresden: Dtsch. Verl. f. Volkswohlfahrt 1924. — RICHTER, H. s. Struwelpeterbuch (236). — 223. RIEDEL, JOH.: Arbeitskunde (Grundlagen, Bedingungen und Ziele der wirtschaftl. Arbeit). Leipzig: B. G. Teubner 1925. — 224. ROESLE, E.: Graph.-stat. Darstellungen, ihre Technik, Methodik und wissenschaftl. Bedeutung. Arch. f. soz. Hyg. Bd. 8, S. 369. 1913. — 225. ROSENTHAL, O.: Lahrer Gesundheitskalender. (1. Jg. 1925). Lahr i. Baden: Moritz Schauenburg. — 226. Die Saat der Hoffnung. (Mütter, gebt euern Kindern keinen Alkohol!) Bund abstin. Frauen, Dresden, Liebigstr. 22. — 227. SCHALL, HERM.: Der menschliche Körper und seine Krankheiten. Stuttgart: J. B. Metzlersche Buchhdlg. — 228. SCHMIDT, C. ED.: Fiebertafel und Merkblatt auf der Rückseite. (Anleitung zum Temperaturmessen usw.) Aegir-Apotheke Berlin-Schöneberg, Grunewaldstr. 12. — 229. SCHMIDT, F. A.: Unser Körper. 4. Aufl. Leipzig: R. Voigtländers Verlag 1913. — 230. SCHNEIDER, GUSTAV: Lehrbuch der Anthropologie. Leipzig: Quelle & Meyer. — 231. SCHNEIDER, GUSTAV: Gesundheitslehre und Haushaltungskunde. 3. Aufl. Leipzig-Berlin: B. G. Teubner 1914. — 232. SCHÖNENBERGER, FR.: Lebenskunst — Heilkunst. (Ärztl. Ratgeber für Gesunde und Kranke.) 2 Bde. Zwickau i. Sa.: Förster & Borries. — 233. SCHWECHTEN, W.: Hygiene des Alltags. Lehrmeister-Bücherei Nr. 712. Hachmeister & Thal 1923. — 234. SEYFERT, R.: Menschenkunde und Gesundheitslehre. Leipzig: Ernst Wunderlich 1908. — 235. SONDEREGGER, L.: Vorposten der Gesundheitspflege. 5. Aufl. Berlin: Julius Springer 1901. — 236. Struwelpeterbuch von Mund und Zähnen. Gezeichnet v. Arpad Schmidhammer, erdacht u. knüttelgereimt v. H. Richter. Verl. d. Allg. Ortskrankenkasse Dresden. — 237. Temperance Posters. Catalogue 1924. Issued by the American Issue Publishing Company Westerville, Ohio. — 238. THEUERMEISTER, R.: Wie ich mit meinen Kindern vom menschlichen Körper spreche. 3. Aufl.

Leipzig: K. G. Th. Scheffler 1912. — 239. THIELE, AD.: Arbeitshygiene — Arbeiterschutz. Dresden: Dtsch. Verl. f. Volkswohlfahrt 1924. — 240. THIELE, AD.: Die neue Erziehung. Leipzig: Grethlein & Co. 1919. — 241. THIELE, ED.: Die Schwindsucht. Mit Zeichn. v. Gust. Schaffer. Berlin: Verl. d. Dtsch. Zentralkomitees z. Bek. d. Tub. 1925. — 242. Die Unfallverhütung im Bilde (48 Tafeln). Herausg. v. d. Tiefbau-Berufsgenossenschaft. Berlin: Reimar Hobbing. — 243. *Ver. z. Bek. d. Schwindsucht, Chemnitz.* Stundenplan mit Versen von Dr. Dohrn. — 244. Vermeidet und bekämpft die Tuberkulose! Herausg. v. d. Liga d. Rot. Kreuz-Vereine u. d. Tschechoslovak. Rot. Kreuzes, Prag (nach der Flugschr. d. Rockefeller-Stiftung Paris). — 245. VOGEL, M.: Merkbüchlein zur Mutter- und Säuglingspflege. Dresden: Dtsch. Verl. f. Volkswohlfahrt. — VOGEL, M.: Grundlagen einer richtigen Ernährung s. (171). — 246. Warum sollen wir die Zähne pflegen? Herausg. v. Österr. Jugend-Rotkreuz. — 247. Weiße Kreuz-Schulhefte. Herausg. v. Landesver. f. Volkswohlfahrt, Hannover. — 248. ZANDER-SIEBEN, M.: Merkblätter für den Unterricht in häusl. Krankenpflege. (Lehrgang des Pestalozzi-Fröbelhauses II Berlin.) 4. Aufl. München-Gladbach: Volksvereinsverlag 1923. — 249. ZERWER, ANTONIE: Säuglingspflegefibel mit Vorwort von Prof. Langstein. 4. Aufl. Berlin: Julius Springer 1917. — 250. ZILLE, H.: 1) Kinder der Straße (100 Berliner Bilder); 2) Mein Milljöh (Neue Bilder aus dem Berliner Leben). Verl. d. Lust. Blätter.

Zeitschriften und Sammlungen.

251. *Der Arzt als Erzieher.* Samml. gemeinverst. ärztl. Abhandlungen. Verl. d. Ärztl. Rundschau, Otto Gmelin, München. (Bis 1922 46 Hefte.) Gleichnamige Zeitschrift ebenda. — 252. *Arbeiter-Gesundheits-Bibliothek.* Buchhdlg. Vorwärts, Paul Singer G. m. b. H. Berlin SW. — 253. *Der Bildwart.* Bl. f. Volksbildung. (Beilage: Monatsschau d. Film- u. Lichtbildwesens.) Herausg. v. H. Ammann u. Walther Günther. Verl. v. Joseph Kösel & Friedrich Pustet, München. — 254. *Blätter für Volksgesundheitspflege.* Schriftl. Dr. Bornstein, Berlin W 30, Hohenstaufenstr. 32. Verl. C. A. Schwetschke, Berlin W 30. — 255. *Bücherei der Gesundheitspflege.* Stuttgart: E. H. Moritz. — 256. *Deutsche Elternbücherei.* Herausg. v. Dr. Joh. Prüfer. Verl. B. G. Teubner, Leipzig-Berlin. — 257. *Deutsche Elternzeitschrift für Pflege und Erziehung des Kindes.* Düsseldorf: Rhein. Verlagsanstalt m. b. H. — 258. *Gesundheit und Kraft.* Flugschriften f. Deutschlands Söhne. Göttingen: Vandenhoek & Ruprecht (ab 1919). — 259. *Die Gesundheit.* Zeitschr. f. gesundheitl. Lebensführung d. berufstätigen Volkes. Herausg. v. Hauptverband dtsch. Krankenkassen, Berlin-Charlottenburg, Berlinerstr. 137. — 260. *Gesundheitslehrer.* Zeitschr. d. dtsch. Ges. z. Bek. d. Kurpfuschertums. Schriftl. H. Kantor, Warnsdorf i. B. u. G. Lennhoff, Berlin-Wilmersdorf, Motzstr. 36. — 261. *Die Familie.* Herausg. v. Landesverband d. Bundes d. Kinderreichen in Sachsen. Schriftl. R. Fetscher, Dresden, Verl. Ludwig Hartmannstr. 25. — 262. *Gesundheitswacht.* Gemeinverständl. Schriften z. Pflege d. Gesundh. u. körperl. Ertüchtigung d. deutschen Volkes. München, Sophienstr. 5. — 263. *Sammlung Göschen.* — 264. HANAUER, W.: Neue Gesundheitskorrespondenz. Frankfurt a. M., Im Trutz 27. — 265. *Hausbücher zur Erhaltung der Gesundheit.* Im Auftr. d. Verbandes d. Ärzte Deutschlands z. Wahrung ihrer wirtschaftl. Interessen. Herausg. v. K. Beerwald u. H. Dippe. Leipzig-Berlin: Max Hesse. — 266. KAUFMANN, G.: Volksgesundheit und Heilkunde. Ärztl. Mitt. f. Tageszeitungen. Dresden-A., Sidonienstr. 10b/11. — 267. *Lebenskunde.* Gemeinverändl. Abhandlungen aus der Wissenschaft vom Leben. Herausg. v. Prof. Dr. Stempell. Leipzig: E. A. Seemann. — 268. *Leben und Gesundheit.* Gemeinverständl. Schriftenreihe. Herausg. v. Dtsch. Hygiene-Museum. Jährl. 6 Bde. Dtsch. Verl. f. Volkswohlfahrt Dresden (vgl. Berg, Fetscher, Richter, Thiele, Vogel). — 269. *Aus Natur und Geisteswelt.* Sammlung wissenschaftl. gemeinverständl. Darstellungen. Leipzig-Berlin: B. G. Teubner. — 270. *Schulwart.* Zentralorgan f. Lehr- u. Lernmittel. Leipzig: Koehler & Volckmar. — 271. *Veröffentlichungen des Deutschen Vereins für Volkshygiene.* München-Berlin: R. Oldenbourg. — 272. *Gemeinnützige Volksbibliothek, Pfennigblätter usw.* München-Gladbach: Volksvereinsverlag. — 273. *Volkshochschulblätter.* N. F. d. Bl. d. Volkshochsch. Thüringen u. Sachsen. Schriftl. v. Berlepsch-Valendas, Jena, Carl Zeißplatz 3. — 274. *Wissenschaft und Bildung.* Einzeldarstell. aus allen Gebieten des Wissens. Leipzig: Quelle & Meyer. — 275. *Zeitschrift für Desinfektions- und Gesundheitswesen* (früher „Der praktische Desinfektor“). Verlagsanstalt Erich Deleiter, Dresden A 16, Silbermannstr. 8. (Im gleichen Verlag sind auch Merkblätter z. B. zur Bekämpfung von Ungeziefer verschiedener Art erschienen.)

Lichtbild und Film.

276. BENZINGER, TH., u. E. SCHÜRMANN: Alphabet. Handb. d. Projektion. Th. Benzinger, Lichtbildverlag, Stuttgart. — *Der Bildwart* s. (253). — 277. EITZE, GEORG: „Ich fahr' in die Welt “ Lichtbildbuch Nr. 2 der Deutschen Lichtbildgesellschaft (s. S. 1) zu dem gleichnamigen Jugend-Wander- und Herbergsfilm. — 278. Filmverzeichnis der Kulturabt. der Universum Film A.-G. (Ufa), Berlin W 9, Köthener Str. 1/4. — 279. KALBUS, O.:

Der deutsche Lehrfilm in der Wissenschaft und im Unterricht. Berlin: Carl Heymann. *Lit.* — 280. KEMSIES, F.: Hygiene und Gymnastik im Film und Diapositiv. s. LORENTZ u. KEMSIES (27). — 281. KEMSIES, F.: Der Tuberkulose-Film im Dienste der Schulgesundheitspflege. Zeitschr. f. Schulgesundheitspfl. u. soz. Hyg. 1917, Nr. 9. — 282. KEMSIES, F.: Was der Tuberkulose-Film der deutschen Jugend erzählt. Berlin: Julius Springer 1918. — 283. LAMPE u. HILDEBRANDT: Das stehende und laufende Lichtbild. Berlin: Buchverl. d. Lichtbild-Bühne 1921. — 284. Vom Lichtbildersatz. Neue Bahnen Jg. 34, H. 9. 1923. — 285. Liste der von der Bildstelle anerkannten Lehrfilme. Bildstelle beim Zentralinst. f. Erziehung u. Unterricht, Berlin. — 286. Liste kinematographischer Filme über Arbeitsprobleme. (Lit. über Gewerbehygiene. Herausg. v. Internat. Arbeitsamt Genf, Sept. 1923, H. 3.) — 287. THOMALLA, CURT: Hygiene und soziale Medizin im Volksbelehrungsfilm. Zeitschr. f. Medizinalbeamte u. Krankenhausärzte 1922, Nr. 21/23. — 288. Amtliches Verzeichnis der Deutschen Lehrfilme. Herausg. v. d. Reichsfilmstelle. Berlin: Carl Flemming u. C. T. Wiskott 1921. — 289. SCHWEISHEIMER, W.: Die Bedeutung des Films für soziale Hygiene und Medizin. München: Georg Müller 1920. — 290. WEISER, M.: Medizinische Kinematographie. Dresden: Th. Steinkopff 1919.

Organisationen und Einrichtungen im In- und Ausland.

291. A brief account of the sanitary administration of Japan (34: Diffusion of the knowledge of Hygiene). — 292. Kurze Angaben über die Popularisation der med. und hyg. Kenntnisse in Rußland. Internat. Hyg.-Ausst. Dresden 1911, Abt. Rußland. — 293. Anleitung für Kurse über häusl. Krankenpflege und Gesundheitspflegekurse (Hyg.-Kurse). Herausg. v. Schweiz. Roten Kreuz u. v. Schweiz. Samariterbund. Luzern 1919. — 294. Berichte des Kais. Aug. Viktoria-Hauses und des Organisationsamtes für Säuglings- und Kleinkinderschutz. — 295. XXIX. Bericht über das Schweiz. Rote Kreuz für das Jahr 1923. Bern (Zentralsekr. Schwanengasse 9). — 296. The Junior Red Cross. A Program. The American Red Cross, Washington D. C. — 297. DENEKE: Gesundheitl. Volksaufklärung in Schleswig-Holstein. Kiel: Walter G. Mühlau 1922. — 298. DIETRICH, J.: Beschaffung von Geldmitteln zur Tuberkulose-Bekämpfung. Zeitschr. f. Medizinalbeamte u. Krankenhausärzte 1921, S. 369. — 299. DIETRICH, J.: Das Tuberkulosegesetz und die Bekämpfung der Tuberkulose in der ländlichen Industrie. Klin. Wochenschr. 1924, S. 543. — 300. DOHRN: Bericht über die Arbeit des Provinzialausschusses für hyg. Volksbelehrung Hannover. Blätter f. Volksgesundheitspfl. 1922, S. 100. — 301. v. ESMARCH, E.: Hyg. Fortbildungskurse für Verwaltungsbeamte. Techn. Gemeindebl. Jg. 3. — 302. FRANKEL: Volkshyg. Bestrebungen privater Versicherungsgesellschaften in Amerika. Zeitschr. f. d. ges. Versicherungswiss. 1912, S. 193. — 303. Die deutsche Gesellschaft zur Bekämpfung der Geschlechtskrankheiten. Flugschr. d. D. G. B. G., H. 23. Leipzig: J. A. Barth. — 304. Das Gesundheitshaus (Bezirksamt Kreuzberg, Berlin, Am Urban 10—11). 128 S. — 305. Gesundheitswoche in England. Veröff. d. Reichsgesundheitsamtes 1925, S. 103. (Dazu eine größere Anzahl engl. Originaldrucksachen.) — 306. GREIMER: Das Lehr- und Anschauungsmaterial der Landesdesinfektorenschule für das Königreich Sachsen. Dresden 1918, Selbstverlag des Verf. — 307. GROTJAHN: Die Wiederaufnahme der soz.-hyg. Arbeiten. Ber. üb. d. 28. dtsch. Krankenkassentag 1924. Hamburg. Verlagsges. d. Krankenk. Berlin. — 308. HANAUER: Lebensversicherung und Volksgesundheitspflege. Blätter f. Volksgesundheitspfl. 1925, H. 3. — 309. The National Health Council. Numbership and Program. Washington-New York. — 310. Jahrb. d. Krankenversicherung 1924. Berlin: Verlagsges. dtsch. Krankenk. m. b. H. 1925. (Mit Beiträgen u. a. von Bornstein und Chajes.) — 311. Kantonalverband d. Bernischen Samaritervereine. Tätigkeitsbericht 1922/23. Bern 1923. — 312. KARSCH, F. X.: Die Aufklärung über Sozialtechnik und Sozialhygiene in Bayern. Zeitschr. f. Gewerbehyg., N. F. Bd. 2, H. 1. 1925. — 313. Der Landesausschuß für hyg. Volksbelehrung in Preußen im Jahre 1923. Die Arbeit der Provinzialausschüsse. Blätter f. Volksgesundheitspfl. 1924, H. 4/5. — 314. Lehrgang für hyg. Volksbildung (Dresden 16.—21. 6. 1924). Blätter f. Volksgesundheitspfl. 1924, H. 4/5. — 315. LEVI, ETTORE: Un centro di studio e di attività sociali. Edizioni dell' istituto ital. di igiene previd. ed. assist. sociale, Rom 1925. — 316. MARKOVICZ, Dr. LAZAR: Tätigkeit der Abt. für Gesundheitspflege in Novij-Sad auf dem Gebiet der hyg. Belehrung. Sonderausg. d. Glasnik (Organ) d. Gesundheitsminist. Belgrad 1922. (Serbisch.) — 317. La Ligue des Sociétés de la Croix Rouge, sa fondation, son programme, son action. Secrétariat de la Ligue, Paris 1924. — 318. MÖLLERS, BERNH.: Gesundheitswesen und Wohlfahrtspflege im Deutschen Reiche. Berlin: Urban & Schwarzenberg 1923. — 319. NEUSTÄTTER, O.: Krankenkassen und hyg. Volksbelehrung. Ortskrankenkasse 1921, Nr. 16. — 320. NEUSTÄTTER, O.: Der Reichsausschuß für hyg. Volksbelehrung. Sozialhyg. Mitt. 1921, H. 2. — 321. NEWMAN, GEORGE: Public education in health. 35 S. London 1924, publ. by his Maj.'s Stationery Office. — 322. OSCHMANN: Hyg. Volksbelehrung seitens der Gemeinden. Blätter f. Volksgesundheitspfl. 1921, S. 127. — 323. Von der Pirogoffkommission z. Verh. hyg. Kenntnisse im Volk. (Aus: Gesamtrussische Hyg.-Ausst. St. Petersburg, Mai-Sept. 1913, Gr. 42, T. II).

Russisch. — 324. Propagande sanitaire. Bull. mensuel du minist. de la santé publ. Belgrad 1924, H. 8/10. — 325. Eine Reichsgesundheitswoche. Kassenarzt 1925, S. 4. — 326. Richtlinien des Preuß. Landesausschusses für hyg. Volksbelehrung. Volkswohlfahrt 1922, Nr. 14 (u. Blätter f. Volksgesundheitspfl. 1922, S. 102). — 327. Roesle: Internat. Kongreß für Geisteshygiene. Zeitschr. f. Schulgesundheitspfl. Bd. 38, S. 124. 1925. — 328. Schlabeck: Hyg. Volksbelehrung im Kreise Herford. Blätter f. Volksgesundheitspfl. 1922, S. 9. — 329. Seiffert, G.: Hyg. Volksbelehrung in Bayern. Münch. med. Wochenschr. 1920, Nr. 44. — 330. Seiffert, G.: Der Landesausschuß für hyg. Volksbelehrung in Bayern und seine Aufgaben. Blätter f. Gesundheitsfürs. 1922, H. 1. — 331. Seiffert, G.: Die Organisation der Gesundheitsfürsorge mit bes. Berücksichtigung Bayerns. Münch. med. Wochenschr. 1923, Nr. 22/23. — 332. Semaschko, N.: Das Gesundheitswesen in Rußland. VI. Die sanitäre Aufklärungsarbeit. Dtsch. med. Wochenschr. 1924, Nr. 27. — 333. Fünf Jahre Sowjetherrschaft 1917—1922. (S. 54ff.: Volkskommissariat f. Gesundheitspflege.) Berlin 1923. — 334. Uhlenhuth: Bericht über die Freiburger Tuberkulose-Woche. Juli 1924. Tuberkul.-Fürs.-Blatt 1924, Nr. 9. — 335. Ulich: Bericht über den Stand der sächs. Volkshochschulbewegung. Die Arbeitsgemeinschaft 1922, H. 5/6. Leipzig: Quelle & Meyer. — 336. Wendenburg, Dr.: Festschrift für die Allg. Deutsche Kinder-Gesundheitswoche (Ruhrgebiet) v. 28. 6.—5. 7. 1925. Gelsenkirchen.

Ausstellungen und Museen.

337. Bayer. Arbeiter-Museum München. (Staatl. soziales Landesmuseum.) Jahresberichte, laufende Mitteilungen und Museumsführer. — 338. Ausstellung für Gesundheitspflege Stuttgart 1914. (Veranstaltung der Stadt Stuttgart.) Amtl. Führer und Katalog. — 339. Die Ausstellungstätigkeit des Deutschen Hygiene-Museums. Blätter f. Volksgesundheitspfl. 1924, H. 3. — 340. Boerner, Paul: Bericht über die Allg. deutsche Ausstellung aus dem Gebiete der Hygiene und des Rettungswesens. Berlin 1882/1883. Bd. 3. Druck u. Verl. S. Schottlaender, Breslau 1885. — 341. Bornstein, K.: Wie es gemacht werden soll! oder: Das Hygiene-Museum in Bunzlau (Schlesien). Blätter f. Volksgesundheitspfl. 1924, H. 7. — 342. Brien, H. R. O.: A public health exhibition in Siam. Americ. journ. of publ. health Bd. 14, S. 659. 1924 (Ref. Zentralbl. f. d. ges. Hyg. Bd. 9, H. 4.). — 343. Burckhardt, R.: Wann gelingt eine Ausstellung über den Alkoholismus? Als Handschr. gedruckt. Dtsch. Ver. g. d. Alkoholismus. — 344. Cohn, M.: Die Volkskrankheiten und ihre Bekämpfung. In: Was lehrt die 1. Deutsche Städte-Ausstellung? Herausg. v. Rud. Lebius, Dresden. Leipzig: Komm.-Verl. H. Haenel. — 345. Eggers: Bericht über die Ausstellung auf dem 9. Internat. Kongreß gegen den Alkoholismus (Bremen), im Bericht über diesen Kongreß. — 346. v. Engelhardt, R.: Zur Einführung in die Sammlung „Der Mensch“. Deutsches Hygiene-Museum Dresden 1921. — 347. Exposition sur la malaria et les maladies tropicales. Bull. mens. du minist. de la santé publ. Belgrad 1923, Nr. 6/8 u. 1924, Nr. 8/10. — 348. Fischer, Alf.: Die sozialpolitische Bedeutung der Internat. Hygiene-Ausstellung in Dresden. Ann. f. Politik u. Gesetzgeb. Bd. 1, S. 568. — 349. Flaig, J.: Antialkoholische Ausstellungen. Die Alkoholfrage 1914, S. 240. — 350. Flaig, J.: Von der holländischen Wanderausstellung („Reizend drankweer museum“). Die Alkoholfrage 1925, H. 1, S. 53. — Flaig, J. s. (368). — 351. Führer durch die Wanderausstellung Mutter und Säugling, veranstaltet von der Volksborngesellschaft (jetzt D. Guttemplerorden, Hamburg 30). — 352. Offizieller Führer durch die Hygiene-Ausstellung Wien 1925. Verl. d. Hyg.-Ausst. — 353. Held, L.: Das Wandermuseum des Fürsorgeverbandes Pfalz. Tuberkul.-Fürs.-Blatt Bd. 11, H. 10. 1924. — 354. A. E. G. Hygiene-Museum (Führer). — 355. Gesamtrussische Hygiene-Ausstellung St. Petersburg Mai-Sept. 1913, Gr. 42, Verbreitung hyg. Kenntnisse im Volke, s. (323) u. (355). Russisch. — 356. Katz, J. J.: Von der Einrichtung der Wanderausstellungen. Zusammenstellung prakt. Bemerkungen. (Aus Gesamtruss. Hyg.-Ausst. usw. Gr. 42, T. III.) — 357. Koenen, Th.: Schafft Museen für Volkshygiene! Zeitschr. f. Versicherungsmed. 1912, S. 140. — 358. Lange, Ludw.: Die Bekämpfung der Volkskrankheiten unter Hinweis auf den Lingnerschen Pavillon in der Deutschen Städte-Ausstellung Dresden 1903. Blätter f. Volksgesundheitspfl. 1903, S. 261—276. — 359. Lehmann, K. B.: Erfahrungen und Gedanken über die Anlage von hyg. Sammlungen. Münch. med. Wochenschr. 1902, Nr. 11. — 360. Lingner, K. A.: Denkschrift zur Errichtung eines National-Hyg.-Museums in Dresden. Dresden, März 1912. — 361. Lingner, K. A.: Programm für die geplante Internat. Hygiene-Ausstellung zu Dresden. — 362. Lingner, K. A.: Einige Leitgedanken zu der Sonderausstellung: Volkskrankheiten und ihre Bekämpfung. In: Wuttke, Die deutschen Städte. Leipzig: Friedr. Brandstetter 1904. — 363. Luerssen, A.: Die Lehren der Internat. Hygiene-Ausstellung 1911. Sonderabdr. a. d. Kalender f. d. Sächs. Staatsbeamten, Dresden 1912. — 364. Marcuse, Jul.: Tuberkulosemuseen. Vierteljahrsschr. f. öff. Gesundheitspfl. 1905, S. 422. — 365. Mindt, Erich: Denkschrift zur Gründung eines Museums für Leibesübungen. Berlin 1923. — 366. Das National-Hygiene-Museum in den Jahren 1912—1918. Dresden 1919. — 367. Schäffer, C.: Über die Notwendigkeit eines Hamburgischen Volksmuseums für Hygiene.

Verhandl. d. naturwiss. Vereins Hamburg Bd. 20, 3. Folge. 1912. — 368. SEIRING, G.: Das Deutsche Hygiene-Museum Dresden. 1925. — 369. STODDARD, CORA Fr.: Exhibits against alcoholisme. (Mit Diskussionsbemerkungen von Dr. Flaig u. Dr. Vogel.) Cpt. rend. du XVI Congrès internat. contre l'alcoolisme, Lausanne 1922. — 370. TEMME, G.: Die Wohlfahrtsausstellung „Volksgesundheit und Jugendpflege". 3. Aufl. (14.—28. Taus.) Selbstverlag. — 371. Internat. Hygiene Tentoonstelling, Amsterdam 1921, Catalogus. — 372. Die deutsche Unterrichtsausstellung (Berlin N 24, Friedrichstr. 126). Leipzig: Quelle & Meyer. — 373. VOGEL, M.: Das Deutsche Hygiene-Museum, seine Arbeit und seine gegenwärtige Lage. Klin. Wochenschr. 1922, S. 2389. — 374. VOGEL, M.: Das Deutsche Hygiene-Museum im Dienst der Volksaufklärung. Blätter f. Wohlfahrtspfl. 1922, S. 74. — 375. VOGEL, M.: Hygiene-Ausstellung Wien. Blätter f. Volksgesundheitspflege. 1925, H. 6. — VOGEL, M. s. (368). — 376. WEZEL: Anweisung zur Handhabung der Tuberkulose-Wandermuseen. Dtsch. Zentralkomitee z. Bek. d. Tuberkul. 1912. — 377. WILHELMI, J.: Über das Hygiene-Museums- und Ausstellungswesen und die Ausgestaltung des Museums der Landesanstalt für Wasser-, Boden- und Lufthygiene in Berlin-Dahlem. Zeitschr. f. Desinfekt. u. Gesundheitswesen 1925, H. 6/7.

Die Tuberkulose und ihre Bekämpfung durch die Schule. Eine Anweisung für die Lehrerschaft. Von Dr. **H. Braeuning,** Chefarzt der Fürsorgestelle für Lungenkranke und des Städtischen Tuberkulosekrankenhauses Stettin-Hohenkrug, und **Friedrich Lorentz,** Rektor in Berlin, Mitglied des Reichsgesundheitsrats und des Landesgesundheitsrats in Preußen. Zweite, verbesserte Auflage. Mit 3 Abbildungen. (136 S.) 1925. 2.50 Goldmark

Die gesundheitliche Unterweisung der reiferen Jugend mittels des Tuberkulose-Films. (Deutsches Zentralkomitee zur Bekämpfung der Tuberkulose.) Von Prof. Dr. **F. Kemsies.** Mit 12 Textabb. (24 S.) 1918. 0.80 Goldmark

Ⓦ **Das Wesen und die Bekämpfung der ansteckenden Krankheiten.** Von Prof. Dr. **Viktor K. Russ.** Nach Vorlesungen, gehalten an der Hochschule für Bodenkultur in Wien. Mit 73 Abbildungen. (447 S.) 1920. 2.70 Goldmark; geb. 3.60 Goldmark

Ⓦ **Die Geschlechtskrankheiten als Staatsgefahr und die Wege zu ihrer Bekämpfung.** Von Professor Dr. **Ernst Finger,** Vorstand der Klinik für Syphilidologie und Dermatologie der Universität Wien. (Abhandlungen aus dem Gesamtgebiet der Medizin.) (69 S.) 1924. 1.70 Goldmark

Die kindliche Sexualität und ihre Bedeutung für Erziehung und ärztliche Praxis. Von Dr. **Josef K. Friedjung,** Privatdozent der Kinderheilkunde an der Universität Wien. (Sonderabdruck aus „Ergebnisse der inneren Medizin und Kinderheilkunde“, Bd. 24.) (39 S.) 1923. 2 Goldmark

Ⓦ **Die geschlechtliche Aufklärung im Erziehungswerke.** Ein Wegweiser für Erzieher, Eltern und Ärzte. Von Privatdozent Dr. **Josef Friedjung,** Abteilungsvorstand des I. Öffentlichen Kinderkrankeninstituts in Wien. Dritte, verbesserte Auflage (30 S.) 1924. 0.40 Goldmark

Bericht über den ersten Kongreß für Heilpädagogik in München. 2. bis 5. August 1922. Im Auftrage der Gesellschaft für Heilpädagogik (Forschungsinstitution für Heilpädagogik) herausgegeben von **Hans Göpfert,** München. (146 S.) 1923. 3 Goldmark; Vorzugspreis 2.25 Goldmark für die Mitglieder der Gesellschaft für Heilpädagogik und die Bezieher der „Zeitschrift für Kinderforschung“.

Bericht über den zweiten Kongreß für Heilpädagogik in München vom 29. Juli bis 1. August 1924. Im Auftrage der Gesellschaft für Heilpädagogik (Forschungsinstitution für Heilpädagogik), herausgegeben von **Erwin Lesch,** München. (294 S.) 1925. 12 Goldmark. Vorzugspreis 9 Goldmark für die Mitglieder der Gesellschaft für Heilpädagogik und die Bezieher der „Zeitschrift für Kinderforschung“

Zeitschrift für Kinderforschung. Begründet von **J. Trüper.** Organ der Gesellschaft für Heilpädagogik e. V. und des Deutschen Vereins zur Fürsorge für jugendliche Psychopathen e. V. Unter Mitwirkung von G. Anton-Halle, A. Gregor-Flehingen i. B., Th. Heller-Wien-Grinzing, E. Martinak-Graz, H. Nohl-Göttingen, F. Weigl-Amberg. Herausgegeben von **F. Kramer**-Berlin, **Ruth v. der Leyen**-Berlin, **R. Hirschfeld**-Berlin, **M. Isserlin**-München, Gräf. **Kuenburg**-München, **R. Egenberger**-München. Erscheint vom 28. Bande an in zwanglosen, einzeln berechneten Heften, die zu Bänden von etwa 40—50 Bogen Umfang vereinigt werden.

Ⓦ **Medizinische Grundlagen der Heilpädagogik.** Für Erzieher, Lehrer, Richter und Fürsorgerinnen. Von Regierungsrat Dr. **Erwin Lazar,** Privatdozent für Kinderheilkunde an der Universität Wien. (102 S.) 1925. 3.90 Goldmark

Die Wohlfahrtspflege. Systematische Einführung auf Grund der Fürsorgepflichtverordnung und der Reichsgrundsätze. Von Stadtrat Dr. **Hans Muthesius** in Schöneberg. (155 S.) 1925. 4.50 Goldmark

Die mit Ⓦ bezeichneten Werke sind im Verlage von Julius Springer in Wien erschienen.